U0525218

本书出版得到了浙江省文化艺术发展基金、浙江省高校高水平创新团队（文化浙江建设）、浙江传媒学院学科建设与研究生管理处与浙江传媒学院国家一流专业（摄影）给予的支持和资助。特此表示感谢！

石战杰
著

乡村古建遗产
图说浙江祠堂

XIANGCUN
GUJIAN
YICHAN

TUSHUO
ZHEJIANG
CITANG

中国社会科学出版社

图书在版编目（CIP）数据

乡村古建遗产：图说浙江祠堂 / 石战杰著. — 北京：中国社会科学出版社，2025. 5. —（金鹰学科丛书）. — ISBN 978-7-5227-4985-3

Ⅰ. TU-092.2

中国国家版本馆 CIP 数据核字第 2025WB8352 号

出 版 人	赵剑英
责任编辑	郭晓鸿
特约编辑	杜若佳
责任校对	师敏革
责任印制	戴　宽

出　　版	中国社会科学出版社
社　　址	北京鼓楼西大街甲 158 号
邮　　编	100720
网　　址	http://www.csspw.cn
发 行 部	010-84083685
门 市 部	010-84029450
经　　销	新华书店及其他书店

印刷装订	北京君升印刷有限公司
版　　次	2025 年 5 月第 1 版
印　　次	2025 年 5 月第 1 次印刷

开　　本	787×1092　1/16
印　　张	16
插　　页	2
字　　数	237 千字
定　　价	109.00 元

凡购买中国社会科学出版社图书，如有质量问题请与本社营销中心联系调换
电话：010-84083683

版权所有　侵权必究

序　言

说起祠堂来，我一直关注并耕耘于这一文化空间二十余载，自2000年始接触祠堂建筑，研究的触角也从祠堂的空间功能、装饰工艺、营造技艺至空间活化与更新研究。与战杰兄弟结缘于同一年共事于浙传设计艺术学院，那时的他作为摄影系的一名新兵，憨厚朴实，真诚执着，他身上生来就有一股子不达目的不罢休的劲儿，也是因为当时做祠堂营造技艺的研究，遂邀约战杰一同加入课题组，或许是那个时候开始，战杰就有了拍摄祠堂的机缘，也促成了《乡村古建遗产　图说浙江祠堂》这本著作。

江南各省强姓望族宗祠遍及天南海北，以祠堂建筑为主体构成宗族祭祀、社交娱乐的活动中心。正是它们，建构了令人惊叹的繁华俗世，支撑起了绵延不绝的宗族姓氏，它们也是我国数量众多、文化内涵极为丰富的建筑遗产，凝结着文明基因与历史信息，最能唤起人们对传统与历史的回忆。然而，随着改革开放历史的进程和现代城市经济的崛起，城市化引发的青壮人口迁移的大潮成为乡村人口流失虹吸效能，乡村在这轮竞争中彻底褪色了，乡村古祠堂承载的文明记忆也在逐渐褪色，已成为遗产保护中的"重灾区"。在国家乡村振兴政策推行之前，它们或者被人为拆毁；或者因无人管理，日益破败而消亡；或者被改造得面目全非，支离破碎；或者被易地搬迁重建，离开了自己脱胎的水土和环境，所携带的历史信息被大大削弱；即使那些幸存下来被重新利用的，很多也只是具有简单的建筑躯壳，而失去了传承文化与精神的"基因链"，它们是散落在民间的无数普通的代表时代文明的基石。战杰兄弟正是敏锐地觉察到这一危机，他用相机奔走在浙江的山乡田野、村落民居，忘我地用镜头记录着祠堂这一古老的建筑载体。

浙江祠堂从选址、布局、结构和材料等方面，无不体现着劳动人民因地制宜、相地构屋和因材施工的营建思想，浙江祠堂由于承袭吴越派建筑的精髓，其建筑外观"三雕"工艺精湛，材料考究，至今仍然保持当地独特而淳厚的乡风、民俗，如丧葬、元宵龙灯、婚嫁、祭祀等绝大部分依然以古祠堂为载体繁衍流传，这对挖掘研究浙江民俗文化资源是极为重要的内容。祠堂不仅是一个物质环境，也是传统文化的载体，蕴含着劳动人民千百年来的生活智慧和价值观念，具有浓郁的地域文化风情，祠堂的木构工艺处处体现着劳动人民对美好生活的向往，祠堂的相地营构无不体现着人们顺应自然、天人合一的生存智慧，祠堂与家族命运息息相关，祠堂以其古朴浑厚的建筑艺术造型、巧思多变的设计手法，充分展示了广大浙江劳动人民聪明才智和创造精神。

《乡村古建遗产　图说浙江祠堂》文法严谨，文字朗朗上口，图片精到，极具影像学意义，专著基于田野调查与乡村景观图景的编辑思路，较为客观地遵循了古建筑遗存迹化状的信息追溯，著作集纪实性、资料性、文献性于一体，为读者展示了一座座不可多得的乡村古建的生存传播肌理。

据此，笔者衷心祝贺石战杰教授的这部著作的出版。

陈凌广　2023年9月3日于金沙湖畔
浙江传媒学院动画与数字艺术学院教授
中国民族建筑研究会专家
浙江省首批艺术乡建专家

目　录

前　言 ……………………………………………………………（1）

一　浙江乡村中的祠堂古建筑遗产 ……………………………（5）
　　中国祠堂的出现与演变 …………………………………（7）
　　中国乡村建筑中的祠堂 …………………………………（11）
　　浙江乡村民居中的祠堂 …………………………………（17）

二　浙江祠堂古建筑的空间与结构 ……………………………（25）
　　浙江祠堂的环境与选址 …………………………………（27）
　　浙江祠堂的空间与布局 …………………………………（31）
　　浙江祠堂的结构与装饰 …………………………………（42）

三　浙江祠堂古建的影像考察研究 ……………………………（81）
　　田野调查与影像创作 ……………………………………（83）
　　金衢盆地 …………………………………………………（88）
　　杭嘉湖平原 ………………………………………………（160）
　　温台滨海 …………………………………………………（171）

  宁绍河网 …………………………………………………（185）
  舟山群岛 …………………………………………………（202）
  丽水山地 …………………………………………………（213）

四 乡村社会公共空间变迁
  ——从家庙祠堂到文化礼堂 ………………………………（227）
 乡村社会公共空间 …………………………………………（229）
 传统乡村社会与祠堂空间 …………………………………（231）
 祠堂空间功能的变迁转向 …………………………………（232）
 作为文化礼堂的祠堂空间 …………………………………（234）

参考文献 ………………………………………………………（241）

致　谢 …………………………………………………………（244）

前　言

祠堂，也叫家庙，是乡村百姓祭祀祖宗或先贤的地方，也是供奉天地君亲神位的场所。祠堂往往与宗族联系起来，"宗"是尊重的意思，"族"是聚合的、相互关爱的从高祖到玄孙几代人的大家庭。宗祠就是某一姓氏的宗族在某一村落定居繁衍发展到一定规模，成为单姓或者主姓村落后，由族众建立的祠堂。

从商周的宗法制开始，中国人就对血缘关系有一种特别的"迷恋"。祠堂的产生与演变也经历了漫长的发展：它始见于战国，两汉时期发展为墓祠，魏晋至隋唐中期中断，宋代出现家祠，元以后出现祭祀群祖的祠堂，明清以后祠堂成为宗族的象征。

作为家族的神圣场所，村民一般都会尽财力、物力、人力，用上好的木料、石材等建筑材料，建造宏伟高大的祠堂。祠堂往往是传统村落中规模最宏阔、装饰最华丽的建筑群。其建造设计、材料工艺、形制风貌、结构装饰等都具有较高的历史、艺术和技术价值。同时，祠堂建筑空间包含了丰富的生活与文化信息，无论从建筑构造，还是其内在的精神气质，都蕴含着后人对生命的真切关怀与祈福避凶的愿望。祠堂是族人的精神家园，彰显着历史与辉煌。一座座祠堂能够唤起多少游子对家乡的眷望。

数百年来，散落在吴越大地上的祠堂建筑场域与其公共活动（祭祖修谱、婚丧嫁娶、文化活动、政务村务等）成为乡村社会与文化的有效载体。在宗法治理、家族意识、教育教化、稳定民心甚至聚合国力方面都起到了重要作用。浙江自古经济发达，多能工巧匠，传统祠堂建筑的建造量大，建造质量高，雕刻精致。优越的自然环境加上经济富庶、人文荟萃，使得浙江省拥有数量可观的高质量的祠堂古建遗产。但是，随着现代生活空间的拓展和经济发展，完整的传统祠堂建筑逐渐稀落，一些古祠堂也处在消失的边缘。在以生存发展为要务的建设过程中，这些珍贵的古建筑遗产和文明记忆，应该得到更多的珍惜与延续。

近年来，关于祠堂古建的研究和考察都呈现出不断增长之势，但这些散落在乡村中精美的祠堂建筑仍然有待更多人认识与理解。笔者基于"古建遗产保护利用"与"乡村振兴"的现实背景，在文献研究和田野调查的基础上，综合环境、建筑、历史、民俗、艺术、摄影等学科专业，用文字和影像的方式，言说中国乡村景观和乡村古建筑的建造理念与风格特点，以及浙江祠堂的建筑形制结构、空间场域、装饰艺术、风物风俗。与此同时也希望能够反映出浙江丰富的自然地理环境与丰厚的历史文化传统，呈现出浙江祠堂古建遗产的存在方式、传承方式与文化形象。

在新的历史与现实的语境中，在特定的社会背景和文化观念中，乡村古建筑（浙江祠堂）文本的形成，将会生发出新的意义。它不仅能够成为祠堂古建遗产研究与传播的文献材料和视觉样本，而且会在一定程度上改写并丰富着我们对于摄影与历史遗产关系既有的认知。因此，希望笔者近年来微薄的努力，使这个祠堂文本产生一定的文献学术价值、历史文化价值和影像艺术价值。

石战杰　2023年1月10日于杭州钱塘左岸　一石阁

清溪鼎望

汪氏宗祠戏台
衢州开化霞田村　2020.07

一 浙江乡村中的祠堂古建筑遗产

- 中国祠堂的出现与演变
- 中国乡村建筑中的祠堂
- 浙江乡村民居中的祠堂

祁氏宗祠　台州三门祁家村　2021.10

中国祠堂的出现与演变

> 祖先崇拜通常在培养家系观念中起决定作用。通过祖先崇拜，家族系将活着的人和死去的人联系在一个共同体中。
> ——[奥]迈克尔·米特罗尔、雷因哈德·西德尔《欧洲家庭史》

在中国历史上，往往会把家和国联系在一起，有"家天下"和"家国同构"之说。家是小国，国是大家，家族观念相当深刻。美国华裔学者许光比较中国人、印度人、美国人的不同文化，以"种姓"代表印度，"俱乐部"代表美国，而代表中国文化的则是"宗族文化"。美国哥伦比亚大学的 G. B. 桑瑟姆通过比较研究古代中国、古代印度对天主教的抗拒力，认为印度的主力是"种姓"，而中国则系祖先崇拜观念。南开大学冯尔康先生认为"中国文化有一个显著的特征——家族伦理文化、宗族组织与宗法制度构成了中国历史的重要特点。一部中国的历史就是一部放大的家族史"。[1] 家族意识、祖先崇拜在中国社会文化中具有重要的影响。

在古代中国，祭祀祖先是头等重要的事情。早在先秦，普通人家就在民居中建有专供祭祀祖先的房舍，称为"家庙"。《诗经·大雅·思齐》中有"雍雍在宫，肃肃在庙"，即在家庭中真和睦，在宗庙里真恭敬。秦汉以后，"庙"被皇家专用，只有皇室祭祀祖宗的祖堂，才能称之为庙。设立庙祭成为天子贵族的特权，而一般的平民百姓只能"祭于寝"。《礼记·王

---

[1] 冯尔康：《中国古代的宗族和祠堂》，商务印书馆2013年版，第16页。

制》曰:"天子七庙,诸侯五庙,大夫三庙,士一庙,庶人祭于寝。"

祠堂,又称家庙、宗祠、祠室。"祠"的本意为祭祀,而"堂"的初意为正、明,包含着尊重与尊贵的意思。"宋代高承《事物纪原》:"堂当也,当正向阳之屋;堂,明也,言明礼仪之所。"祠堂为祭祀祖先或先贤的地方,也是供奉天地君亲神位的场所。随着长时间的积淀与发展,也是处理家政、举办婚丧礼仪的神圣空间。

祠堂大概始见于战国。秦以后,平民百姓多是在村外的祖坟处修建一些纪念性的祭祀祖宗建筑,汉代称为墓祠。但这种建筑并没有成为真正意义上的家庙祠堂,很少与家族居住的庭院联系在一起。魏晋至隋唐中绝。到了宋代,随着庶族地主经济的日益发展和势力渐大,以及品官家庙制的恢复,加上程朱理学对宗族观念的重视和强调,民间兴建家祠之风四起,而此时的祠堂仅仅是正寝之东的祭祀场所,与住宅尚未分开。

元朝泰定元年(1324),婺源清华胡氏宗祠胡升"即先人别墅改为家庙,一堂五室,中奉始祖散骑常侍,左右二昭二穆;为门三间,藏祭品于东,藏家谱于西,饰以苍黝,皆制也"。这座家庙从居室中独立出来,是家庙向祠堂过渡时期的产物。到了明清,"许民间皆联宗立庙",宗族祠堂得到全面发展,遍及城乡各个家族,形成祠堂林立、祠宇相望的社会现象,祠堂已然成为族权与神权相互交织的焦点所在。

中华人民共和国成立之前,祠堂是"族权"的象征,在乡土社会中具有重要的作用。这一建筑场域与其公共活动成为乡村社会文化的有效载体,在增强家族意识、教育教化、稳定民心方面发挥着作用。同时,祠堂里也有血淋淋的、冰冷的男尊女卑、家族国家化等"长老权力"的消极成分。中华人民共和国成立后,宗族制度削弱,祠堂在一定程度上受到损毁和压制。改革开放后,宗族文化在一定程度上得到复兴。许多乡村的祠堂得到保护和修缮,有的被列为国家文物保护单位。而有的在乡村干部的带领下进行修缮或重建,还有一些由族人自己筹资修缮。但无论以何种方式重修、建造祠堂均以政府许可为前提。当然，在城镇化过程中，随着人口的流动与迁移，祠堂的宗法治理功能逐渐弱化。乡村中更多的祠堂就此落下帷幕，荒芜倒塌，在断壁残垣中无声地诉说往日的荣光与梦想。

祠堂建筑是中华民族繁衍生息传统文化的一种载体，也是乡村物质文化和非物质文化遗产的重要结合。随着社会的发展，祠堂的功能也在发生着一些变化。有些地方的祠堂"活化"为"文化礼堂"，成为治国理政"微循环"的落脚点，村民议事的公共空间；有些祠堂"活化"为"乡村博物馆"，成为留住乡愁记忆的新场所。如今，在乡村振兴的背景下，祠堂也是乡村文化娱乐（地方节日民俗、乡村演戏、乡村音乐会等）的重要空间场域，是乡愁文化和精神家园的寄托场所，其物质和非物质遗产的文化要素，已成为乡村文化旅游的一部分。

乡村古建遗产　图说浙江祠堂

金氏大宗祠　金华兰溪长乐村　2021.07

一 浙江乡村中的祠堂古建筑遗产

中国乡村建筑中的祠堂

自人类诞生以来，建筑就与人们的生活密切相关。从最初的山洞穴居，到"诗意的栖居"，人类运用自身的智慧与力量建造出许许多多伟大的、丰富的建筑样式和房屋居所。这些建筑一方面满足着人类的空间需求，另一方面也体现着人类的情感与精神意志。人生离不开建筑，建筑便是人类生活的舞台。建筑不仅标志着一个时代、一个地区的经济发展与科技水准，也表征了那个时代、地区的精神与审美观念，还忠实地记录了人们的生活方式与价值观念。因此，"建筑是人生、技术与艺术的总合"。[①]

中国乡村建筑

建筑物虽然是实体，但它能够暗示或揭示生活的全部。建筑又是文化的具体反映。建筑的每一表象都有其文化的根基。一个民族的文化特质不可避免地反映在建筑上。中华文化源远流长，有着5000多年的文明发展史，也孕育了5000多年的建筑文化史。中华文化是关于生命的文化，讲究天人合一。中华文化又是包装的文化，在殷周之间，逐渐产生以礼制为代表的人文精神。从周公到孔子，儒家成为数千年正统的中华文化的标志。以礼为代表的人文思想，建立了中华文明的伦理秩序。这种秩序反映在建筑上，形成了中国特有的空间观：均衡对称、井然有序，而其的目的是和谐。相比西方人，对于中国人而言，建筑中表现生命的

[①] 汉德宝：《中国建筑文化讲座》，生活·读书·新知三联书店2006年版，第176页。

感觉比永恒更重要。在中国文化中，建筑除了居住功能外，它还是一些符号，代表着生命的期许。

中国建筑在本质上是一种人生的建筑，以人为主，把建筑看成一种工具、一种象征。中国建筑几千年来，一直保有着原始的、淳朴的文化精神，忠实地反映了中国人的过去，百姓大众怎样在世上求得生活与心灵的安顿，统治阶级怎样展示其权力的象征，殷商巨贾如何去追求生活的逸乐，这些都表现在简单而几近原始的建筑空间结构上，这是世界建筑史上的奇迹。中国传统建筑是延续了几千年的一种工程技术，其本身造就了一个系统，也延续着中国古老而灿烂的文化。

乡村建筑作为我国的一种建筑类型，狭义的指在乡村中土生土长的建筑，包括乡村的民居、祠堂、寺庙、书院、商铺、桥梁等建筑。这些不同的建筑形式，相互组合在一起，连同自然山水、土地河流，成为百姓劳作生产、生活起居的乡村环境，即一个乡村或一座村落。在中国古代社会中，乡村成为中国社会最基层的行政组织，占人口90%的百姓生活在乡村，这些遍布全国的乡村，组成了"乡土中国"。乡村建筑及其提供的空间，供人们劳动、休息、娱乐等各方面使用，这是建筑的物质功能。建筑作为物质的实体，以自身的形象供人们观赏，这是它的精神功能。在乡村建筑中，除个别的纪念碑之外，都具有物质和精神的双重价值。

中国幅员辽阔，拥有自然地理环境的差异，丰富的气候条件，以及五十六个民族。在不同的环境中，人们把建筑融入天地山水中。既有江南的青山绿水，也有北方的黄土高原，西南的高山峻岭，内蒙古的草原，新疆的戈壁，西藏的雪山。中国古代长时间自给自足的农耕社会，导致商品经济不发达，地区与民族之间在生产技术、生活习俗方面，交流相对较少。而乡村建筑，无论是住宅、民居、寺庙、祠堂、桥梁基本都是采用当地的工匠，采用当地的材料，应用当地的传统建造技艺营造，适合当地的自然条件和生活习俗。因此，处于不同地区的乡村建筑在形态上呈现出丰富性和多样性，在建筑装饰上更具有原创性，有更为丰富的民俗、民风等非物质文化特性。

尽管中国的乡村建筑不能被任何一种单一的建筑形式代表。但在总体上却呈现出一系列彼此相似的传统特征。如院落和天井所形成的露天空间，这里往往是生活、工作和娱乐等各类活动发生的场所。无论是规模宏大的宅邸，还是规模较小的民居，院落和天井在建筑中都有着无穷无尽的变化。尤其是大型乡村建筑民居中的院落，里面容纳着多个建筑组成的尺寸更小的院落。在中国的北方地区，院落尺寸较大；而南方院落空间较为复杂，有时演变为一条条狭窄的露天竖井，称为"天井"。

自20世纪末，随着中国乡村的巨变，曾一度被认为亘古不变的传统特征，已经有部分随着新思潮和新材料的应用，逐渐消失或彻底消亡。大多数传统的乡村建筑形式正在被新的建筑形式不断替代，同时也有许多精美的中国乡村建筑从古代一直留存至今。这些建筑遗构散布在中国各地，当我们去观察、理解它们时，仍然能够得到许多的启示。

中国乡土建筑中的祠堂

在我国古代乡村社会中的民居建筑中，家庙祠堂有着特殊的地位。它是一个乡村、一个家族的公共空间。公共空间是从哈贝马斯的公共领域里衍生的一个概念，指的是城市中供居民日常生活、社会生活以及工作、学习公共使用的室外空间。包括街道、广场、公园、体育场等。而近年来"乡土社会公共空间"也成为一个研究课堂。学者孙振华认为：我们一向只认为公共空间是城市的事情，它源自古希腊城邦的阳光广场，殊不知，在农耕的中国，也有其另类的公共空间。"乡村公共空间与古希腊城邦、现代城市中的公共空间有所区别，它不仅是一定范围的村民物质上的（场地设施），而且在思想文化、伦理道德和宗教信仰等方面提供一个范式，形成一种文化认同感,从而显现出人以群分的乡土格局。"①而祠堂建筑以及其场域就是乡土社会公共空间的体现。祠堂公共性、公有性的功能决定了其在村落中的位置。它们必然被安排在村落的中心,也有被安置在村口处,以起到保佑家族的作用。

祠堂的主要功能为祭祀祖先,次要功能在于聚集人群。它在平面布局上具有很大的共同性。从族谱所描绘的祠宇图和田野调查时所见到的古祠堂遗迹来看,多数祠堂为四合院式,内有大堂,另有一些房舍,围上院墙。也有比较简陋的,设于一个宅院中央,四周为族人的住宅。在乡村的祠堂中,尤其江南血缘村落的祠堂中,最前面为门厅;第二进为祀厅,在这里举办祭祖活动;第三进为寝厅,这里供奉着历代祖先的牌位。三座亭堂同处于中央轴线上。它们之间隔有天井,在天井的左右两侧有厢房或者廊屋,组成三进房屋两天井的合院式建筑群体。在一些大型或者讲究的祠堂里,往往会有戏台,逢年过节或举行祭祖时在祠堂唱戏,族人在共同娱乐中增强家族的凝聚力。戏台都设在门厅的中央开间,有的突出门厅之外,它面向寝厅,以示后辈向祖先献上戏目。

在较大的血缘村落中,由于同一家族历史长,人数多,又发展为多个房派,只要经济力量许可,也可以兴建属于该房派的分祠堂。在浙江、江西一些乡村,将这种分祠堂称为"厅"。这类分祠堂只祭祀该房派的祖先,相对规模较小。有的前后只有两进厅堂,除门厅外,把中间和最后的祭祀厅、寝厅合二为一,里面既供祖先牌位,也举行祭祀礼仪。

由于祠堂在乡村百姓的精神生活中占有重要位置,并且处于村落中心地带,所以很注意形象的塑造。祠堂在体量上都比村里的住宅、商店大,也比同村的寺庙大。除此之外,还有很多的装饰,主要集中在祠堂的大门

---

① 丁贤勇编著:《祠堂·学堂·礼堂——20世纪中国乡土社会公共空间变迁》,中国社会科学出版社2016年版,第1页。

和厅堂的梁架上。如常见的门厅朝外的中央开间大门上的门头、门脸装饰。有的大门做成单开间或三开间的牌楼门形式，使祠堂显得更有气势。厅堂内，大多不用天花，而直接露出房屋梁架。讲究雕饰：梁下有梁托，梁枋之间有墩托，梁柱之间有雀替，所有这些梁托、墩托、雀替都有雕花做装饰；屋檐下有成排的撑木、牛腿，它们被加工成几何形、植物枝叶形以及龙、狮子、鹿和人物的形象，成了陈列在屋檐下的木雕艺术品。

祠堂作为祭祀先祖的场所，或者说是"祖先生活的地方"，是一个家族祖先崇拜的重要载体。它是一个家族的公共建筑和场域，供奉着祖先或神明。既承担着举办祭祀祖先、婚丧嫁娶、听训修谱等重大宗族活动的功能，又起到教化子孙的作用。祠堂在传统村落乡村民居中有着特殊的地位。同时，祠堂建筑空间包含的丰富的生活与文化信息，无论从建筑构造，还是其内在的精神气质，都蕴含着后人对生命的真切关怀与祈福避凶的愿望。祠堂是族人的精神家园，彰显着历史与辉煌。一座座祠堂又唤起了多少游子对家乡的眷望。正如中共中央党校靳凤林教授所言"无论人们身处何地，生活事业是否顺利繁荣，而人们的生灵性生命抑或是精神性生命都与祠堂紧紧相连"。[1]

---

[1] 靳凤林：《祠堂与教堂——中西传统核心价值观比较研究》，人民出版社2018年版，第45页。

钱江源　开化马家溪　2020.07

一　浙江乡村中的祠堂古建筑遗产

浙江乡村民居中的祠堂

浙江位于中国的东南部。东临东海，北接长江三角洲，与江苏接壤，东北部紧邻上海，西界为江西和安徽，南边为福建。钱塘江为浙江境内最大的河流，是浙江的母亲河。"江有反涛，水势浙归"，所以得名"浙江"。浙江省面积只有10.55万平方千米。但自然环境丰富精彩，遍布着名山、名水与名湖。名山有雁荡山、莫干山、普陀山、天台山、江郎山等山；名江有钱塘江、瓯江、楠溪江、苕溪、鳌江、甬江、富春江、灵江等水系和河流；名湖有杭州西湖、绍兴东湖、嘉兴南湖、宁波东钱湖，以及人工湖泊千岛湖等。山水浙江，诗画江南，造就了美丽富饶的浙江。

浙江地理文化

浙江地形复杂，山地和丘陵占70.4%，平原盆地占23.2%，河流和湖泊占6.4%，典型的"七山一水两分田"的地理环境。地势由西南向东北倾斜。"按照今日地理学家的说法，浙江可划分为6大自然区。一、北部平原区——杭嘉湖平原和宁绍平原，这一区域河网密布，良田万顷，浙江人口主要聚集在此。二、浙西北部山地丘陵，山间有一个美丽的千岛湖。在浙江与安徽的交界处是天目山与白际山。三、中部金衢盆地，盆中金华、衢州两个历史悠久、文化鼎盛的城市。四、东部丘陵区，曹娥江流域丘陵广布，坡度平缓的丘陵起伏有序，使得这里的农业文明展现出别具韵律的美感。五、南部山区，丽水及温州西部等地山脉纵横，其中武夷山系洞宫山山脉的主峰黄茅尖海拔1921米，为浙江最高峰。六、温台舟滨海区，东南沿海从北向南有一个个平原断续相连，这些平原是台州、温州等沿海城市的依托，它们与海上数千个大大小小的岛屿呼应，构成了浙江海洋文明的大省形象。"①

自然风光与人文景观交相辉映，使浙江成为名副其实的人间天堂。浙北，著名的京杭大运河纵贯富饶的杭嘉湖平原，是蚕乡和丝绸文明的发祥地。杭州西湖的周围，遍布建筑名胜，美不胜收，而整个西湖景观，就是自唐宋以来历代营造叠加的一个大型城市园林。浙东可循唐诗之路游水乡，拜谒佛国，一路有典型的水乡风貌，有古老的名刹佛殿，山水绵延，直通大海。浙南北接括苍山，东临大海，境内山高地广，路险多丘陵，奇山异水，天下独绝。境内古村镇类型多样，除了常见的军事防御型、耕读文化型外，还有较多的手工艺生产型、商贸流通型，甚至客家移民型村落。浙西则集天地之灵气，聚山川之精华，保存完整的古村落、古建筑与远离城市的山水交织在一起，清静幽远，赏心悦目。

自宋室南迁以后，南宋定都杭州。浙江在中国文化史上一直扮演着重要的角色，成为文化重镇。明代以后，浙江文化形成自己的特点，以浙东黄宗羲为代表的"求真务实，经世致用"思想、以浙西顾炎武为代表的"天下兴亡，匹夫有责"思想，逐渐凝聚成浙江"兼容并蓄，大气开放"的人文精神。从历史溯源看，浙江文化是中原文化和江南文化，吴文化和越文化融合发展而成的。

浙江多山，仁者乐山；浙江多水，智者乐水。浙江的山水，孕育了悠久的历史和深厚的文化。浙江的百姓，创造出光辉灿烂的物质文化成果。浙人的伟大之处，便是擅长将荒僻的自然环境，改造成既产鱼米，又宜人居，且美轮美奂之地。精神如山，仰之弥高；人文如水，源远流长。

---

① 单之蔷：《浙江有个王士性》，《中国国家地理》2012 年第 1 期。

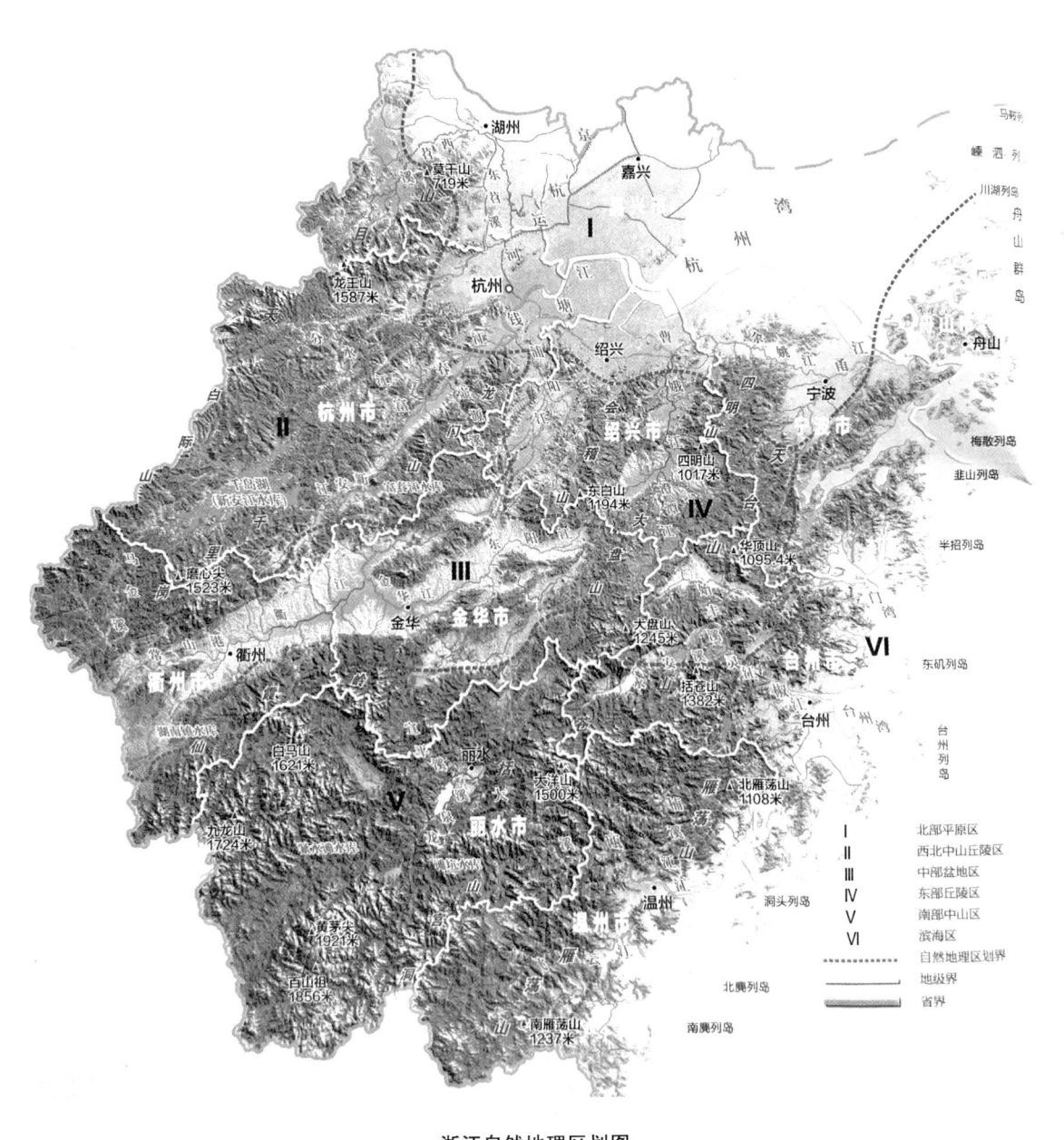

浙江自然地理区划图

资料来源：《中国国家地理》2012年第1期。

浙江古建祠堂

浙江的传统村落多以血缘关系为纽带，聚族而居，形成的村落、村落空间结构与传统的宗族社会结构基本对应，村落以宗祠为核心和纽带，选址以风水观念为指导，认为风水的好坏会影响到村落及宗族的兴衰。"地之美者，则神灵安，子孙昌盛，若培植其根而枝叶茂。"（《阳宅十书》）浙江许多传统村落的家谱均记载了其祖先卜居某地而家族兴旺、子孙繁衍的过程。古村落中还处处体现人伦教化，强调文风运势。民间重视家族宗法，祠堂遍地。其中仅兰溪一地大小祠堂就有上千座。另外，宗祠兼有私塾的功能。不少村落建有文峰塔、文昌阁和魁星楼。

浙江地处东南，两晋、南宋时期由于战乱频繁，北方世族纷纷南渡，陆续迁入浙江地区。这些名门望族，素有"千年之冢不动一抔，千载之谱丝毫不紊，千丁之族未尝散处"，"衣冠至百年不变"之说。浙江地区历来重视文化教育，儒学兴隆，文人辈出。"崇祖根本"思想已成为历史传统与世俗民风。另外，浙江经济自古发达，多能工巧匠，祠堂建筑的建造量大，建造质量高，雕刻精致者比比皆是。建筑上既有精良传承，亦有领风气之先者，甚至在有些祠堂建筑中，已经出现了西风东渐的迹象，反映出文化交流的活跃。优越的自然环境加上经济富庶、人文荟萃，使得浙江省拥有数量可观的高质量的古建筑祠堂遗存。

总体来讲，浙江祠堂同安徽、江西、福建、广东同属南方祠堂。它没有安徽南部、江西北部（古徽州）一带的祠堂豪华，也不同于广东、福建更多的绚丽的彩色装饰风格。浙江祠堂显得更加质朴、内敛。另外，根据浙江地域的不同，祠堂建筑可分为浙北、浙东的水乡建筑，浙中丘陵地带及浙南的山地几大类。浙北、浙东因水网密布，建筑多枕河而建。浙中丘陵地带以金华和衢州为代表，与徽州祠堂有许多共同之处，内部天井较小，注重装饰。但其天井的通透开敞程度以及纵横交错的封火山墙形式，与徽州民居已有一些区别，是合院式民居从北向南，随着地理气候改变，发生诸多变化。祠堂轩敞开阔，用材粗壮，有宋代遗风。浙南的温州、丽水及台州南部地区，属于瓯越文化，建筑形制古朴，不重装饰，天井较大。浙江的祠堂建筑，受经济发展水平的影响，规格以宁波绍兴和杭嘉湖地区为最高，其次为金华衢州地区，浙南沿海和内陆山区次之。而保存状况恰好相反，越是经济发达地区，其祠堂古建保存状况越差。

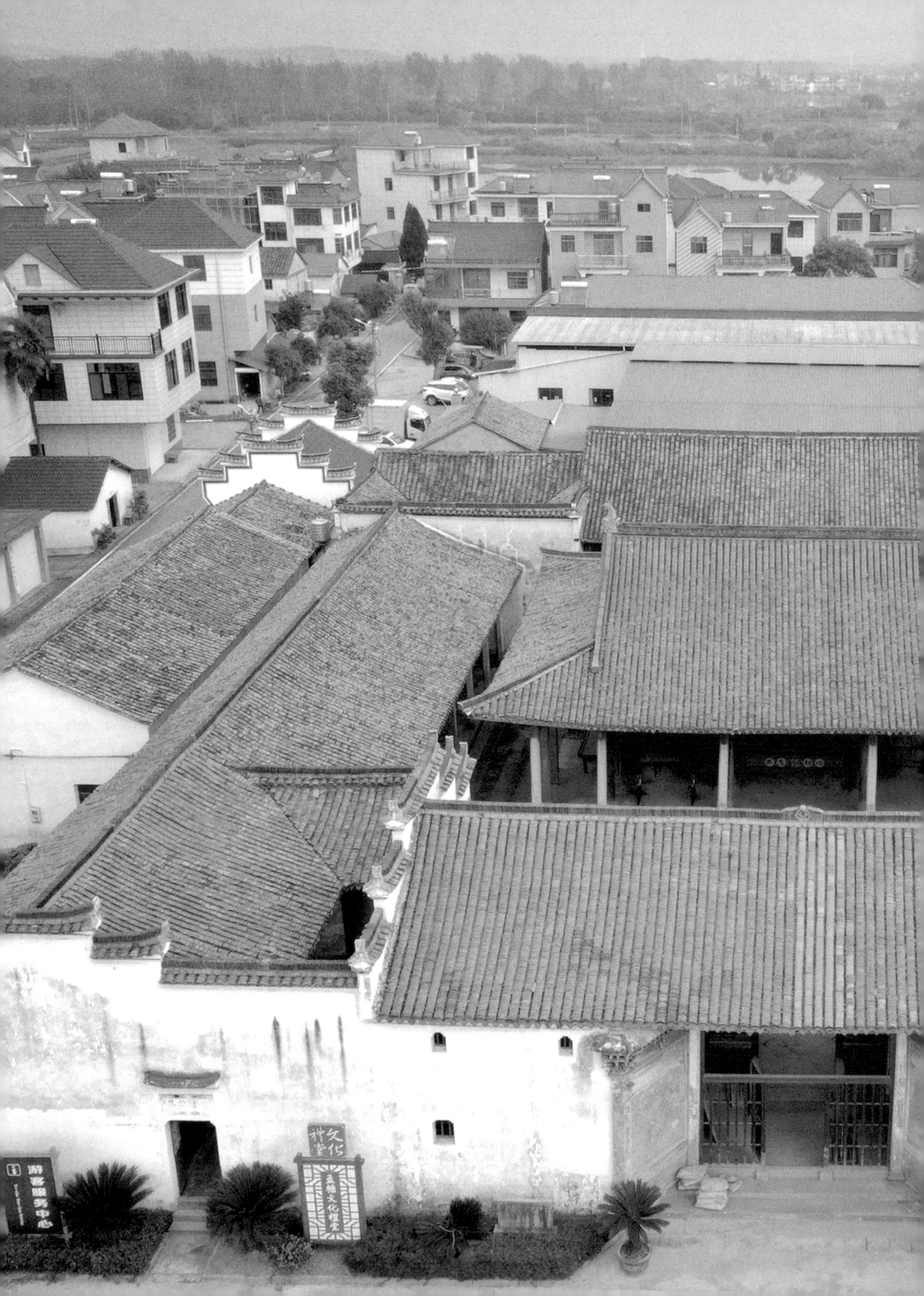
游客服务中心
文化礼堂

兰溪下孟塘村上族祠
2021.10

二 浙江祠堂古建筑的空间与结构

- 浙江祠堂的环境与选址
- 浙江祠堂的空间与布局
- 浙江祠堂的结构与装饰

二 浙江祠堂古建筑的空间与结构

浙江祠堂的环境与选址

任何建筑都离不开由周围的山、水、土地、植被所组成的自然环境而融入天地山水中。中国古代长期的农耕社会,民以食为天。耕田种地,靠天时地利、靠自然环境的赐予。于是,人们首先会考虑选择有山有水的地方建村造屋。山能提供燃料和建房的木材,水则为生活生产的必需。"无水则风到气散,有水则气至而风无,风水为地学之要义。而其中以得水之地为上等,以藏风之地为次等。"① 水为财富,临水靠山、又背风的地方为最好居住地。因为"风""水"二字的重要,古代堪舆家便以此概括其理论为"风水",在现代主要表现为"环境设计"。在风水学中,水流进村之处称为"天门",水流出村之处为"地户"。天门宜开,表示财源滚滚;地户宜闭,表示留住财富。这流水进村、出水之处称"水口"。水口往往和村口合一,便于统一经营与布置。有一种情况是在出水村口建水塘、筑堤坝存水。如果水流丰富,则不需留存,就在水口跨水建桥梁,桥上或桥畔建亭阁,锁住水口。还有一种情况是在村口建龙王庙,祈拜龙王以求风调雨顺。

祠堂为祖宗的灵魂,祠堂建筑的基址首先考虑"风水"之说,讲究山水聚合,藏风得水,四周有灵。摒弃"风水"说的迷信成分,有许多建筑经验也符合现代建筑理论,包含着一些朴素的自然生态学原理。宋代朱熹提出先建祠、再立宅的理学。当一个家族准备落地生根时,必要早早规划出村落的布局,而祠堂的修建就必须考虑在先。村口也往往是建造祠堂的选址。在农耕社会,自身的平安和家族的兴旺成为普遍的追求。表达的常

---

① 陈凌广:《浙西祠堂》,百花洲文艺出版社2009年版,第34页。

见之法就是建造祠堂和种植大树。祭拜祖先，保佑家族安宁。家庙祠堂在我国古代乡村中地位特殊，是一个家族的政治中心和公共空间。其公有性功能决定了祠堂在村落中的位置。它们必然被安排在村落的中心，或者被安置在村口处，以起到保佑家族的作用。

位于杭州西部的建德新叶村，是一座有着七百多年历史的叶氏家族聚居血缘村落，其坐落在两山之间，村北是道峰山，村西为玉华山。新叶始祖叶坤之孙——三世祖东谷公叶克诚（1250—1323）为整个宗族（宋末元初时，叶氏人口有50余人）村落定下了基本位置和朝向，在村外西山冈修建了玉华叶氏祖庙——西山祠堂，并修建了总祠——有序堂，新叶西山总祠偏于一隅，但正对村落的主山母峰。

依山靠水新叶古村落　杭州建德新叶村　2021.07

叶氏族人以有序堂为中心，逐步建立房宅院落，形成多层级的团块式空间结构。随着人丁繁衍，后人分房派建造分祠，每个房派又围绕各自的分祠建造住宅，形成团块。房派的后代再分支时，再在外围建造支祠，周

二 浙江祠堂古建筑的空间与结构

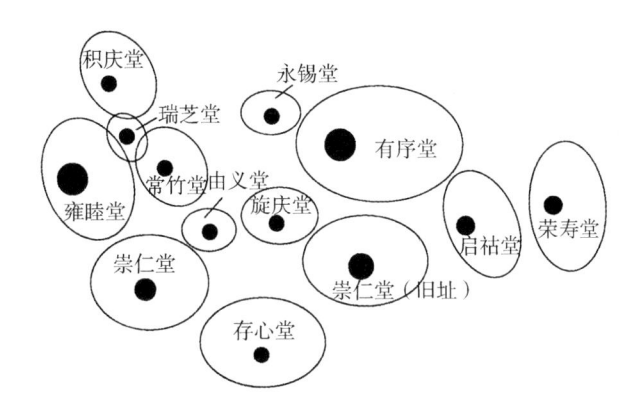

新叶村祠堂及相应住宅团块的分布

图片来源：潘曦《建筑与文化人类学》，中国建筑工业出版社 2020 年版。

围分布着本支系成员的住宅，以这种方式，村子不断扩大，但仍保留着清晰的旧时结构。"与西方村镇的教堂不同，祠堂并不承担与鬼神沟通的功能，这些功能由庙宇承担，分布在村落中相对次要的位置。"[1]

有些祠堂前会有一小型广场，既作为聚众之用，亦有凸显祠堂威仪之功能。许多祠堂的广场前有池塘，彰显祠堂的地位。一般位于祠堂前方的住宅，大门不会面向祠堂，如果不能避免，祠堂前方必设照壁，如龙游志棠的三槐堂、开化霞田的汪氏宗祠。住宅不与祠堂面对面，以避"冲"及祠堂阴气。建筑学家张家骥在《中国建筑论》中说："凡具有现实合理性的事物，都是风水借以判断为吉的依据，反之则为凶。尽管风水理论似悬浮半空难以捉摸，但它终究离不开现实生活的土地。"[2]

祠堂前或水塘旁多有种植树木的习惯，许多祠堂边都会有一棵高大的古樟树，树干粗壮有力，枝干常有青苔，树冠如云，枝繁叶茂，枝丫蜿蜒，仿佛一位高大的勇士驻守在此。大树根深叶茂，树冠遮天，也象征着家族

---

[1] 潘曦：《建筑与文化人类学》，中国建筑工业出版社 2020 年版，第 78 页。
[2] 陈凌广：《浙西祠堂》，百花洲文艺出版社 2009 年版，第 35 页。

的悠久历史和繁荣昌盛。前人种树，后人乘凉，子孙后辈在祖宗的荫护下得以安宁与健康。树木有灵，人们往往在古树中找到岁月流逝的痕迹。它像一个历经沧桑的老人，见证了历史的变迁，也见证了一个家族的繁衍生息。

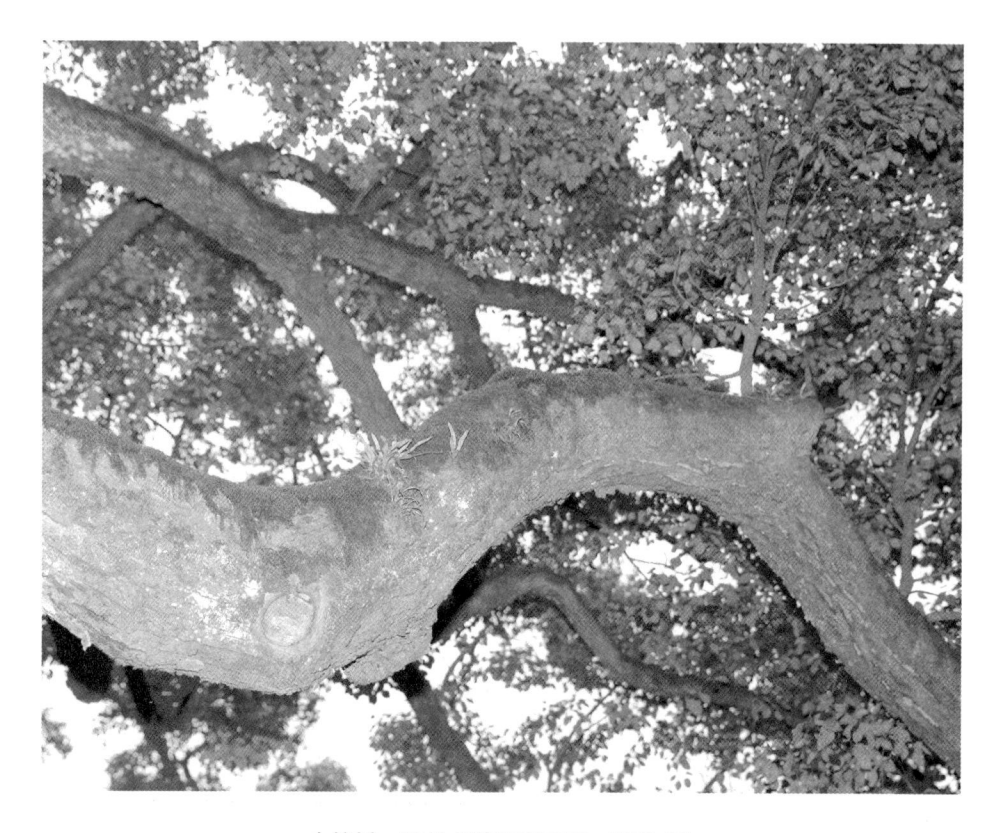

古樟树　衢州龙游关西世家　2020.01

浙江祠堂的空间与布局

开间——建筑单元。作为建筑结构的基本单元,"间"是大多数中国民居设计的基本元素。间所代表的不仅是相邻两根平行柱之间的距离,同时也代表了四根柱限定的二维平面以及由地面、墙体共同围合而成的三维空间。一间也能构成一座房屋,即一个房间。但大多数中国建筑的结构都是由多间组成的。

中国古代建筑采用奇数开间,如三开间、五开间,这是由于人们认为奇数更为均衡和对称。各开间之和为"通面阔",正中的一间为"明间",左右侧为"次间",再外为"梢间",最外的称为"尽间"。九间以上增加次间的间数。

北方建筑各间的面宽为3.3—3.6米,到了南方被放宽至3.6—3.9米。间的进深,南方也大于北方,南方可深至6.6米,而北方的深度通常只有4.8米。中国民居建筑倾向于将构成间的结构暴露出来,使其在标示建筑空间的同时,也自然地发挥装饰性的美学作用。

院落——中国建筑的核心。由一座或几座房屋建筑,以及墙体围合形成的建筑空间,称为院落。院落是一座形态完整的中国民居不可或缺的空间布局成分,是中国民居的重要特征。无论是规模宏大的宅院,还是规模较小的民居,院落在这些建筑中有着无穷无尽的变化。在民居的大院落,可以容纳尺寸更小的院落。院落成为中国建筑的核心和基本设计原则之一。

进深——空间组合的基本单位。进是组群建筑中空间组合的基本单位,一座院落为一进,自成一格小环境。

浙江祠堂是以多座建筑组合而成的左右对称院落,绝大多数面阔三间,两边通过厢房或连廊前后串接。总祠和较大的支祠，沿中轴线依次为门厅（即前厅，含戏台）、前天井、正厅（明间）、后天井、后厅（寝堂），两边由厢楼和厢房（廊庑）构成。前厅与正厅两侧为看楼所相连，正厅与后厅之间以厢房相连，每进之间有天井相隔，东西两侧多有马头墙。占地面积一般在500—700平方米。有些祠堂还在后部设置庭院，如嘉兴海盐县的钱氏宗祠。

绍兴诸暨枫桥大庙依次为前厅、戏台、前天井、
看楼、正厅、厢房、后天井、寝厅

二　浙江祠堂古建筑的空间与结构

（一）门楼

作为建筑空间序列的开始，门是建筑的入口，它是建筑外部和内部空间的连接和通道。门通常都会得到充分的重视、设计和装饰，显示出它特有的美学特征和文化象征，它的重要犹如人的面部，素有"门面"之称。在祠堂建筑中，门楼是整个祠堂的重心所在，在装饰上成为建造者精心设计与表现的重点。衢州江山南坞村杨氏宗祠外祠的门楼设计豪华气派，为四柱三层重檐出挑上翘，各层檐角设斗拱一攒，门上方原有"大宗祠"三字。门为六扇，大门左右设厅。其中门楼细部的梁枋雕鹤、鹿图案，牛腿雕人物，雀替雕花草，十分精致。

杨氏宗祠外祠门楼　衢州江山南坞村　2014.01

祠堂的门楼，从样式划分有石库门、半敞式、八字墙门式；从材质上有木结构、砖结构、砖石结构；从形制上有重檐歇山顶结构、牌楼式结构、单檐硬山顶结构、平檐廊道穿斗式结构。门楼为祠堂门面，整体上气势雄伟,有壮观之美。其用材精致,配有大量的装饰、雕刻(木雕、砖雕、石雕),工艺精巧,其中雕刻早期简单、朴素,后期演变得繁复、精致与华丽,彰显了家族的力量与地方的审美,也形成了独特的艺术风格。

石库门:出现在传统木结构加砖墙承重的民居房屋中,由于外门选用石料作门框,故称石库门。

八字墙:形状像"八"字的两面墙。建筑中大门口两面的八字形状的两面墙。

重檐、单檐:古代建筑之形式,建筑物有上下两重出檐者,称为重檐、双檐;仅有一重者,即称为单檐。

歇山顶:屋顶有九条屋脊,即一条正脊、四条垂脊和四条戗脊,因此又称九脊顶。由于其正脊两端到屋檐处中间折断了一次,分为垂脊和戗脊,好像"歇"了一下,故名歇山顶。其上半部分为悬山顶或硬山顶的样式,而下半部分则为庑殿顶的样式。歇山顶结合了直线和斜线,在视觉上给人以棱角分明、结构清晰的感觉。

硬山顶:两坡出水的五脊二坡式,属于双面坡的一种。特点是由一条正脊、四条垂脊形成两面屋坡。左右侧面垒砌山墙,多用砖石,高出屋顶。屋顶的檩木不外悬出山墙。屋面夹于两边山墙之间。和悬山顶不同,硬山顶最大的特点就是其两侧山墙把檩头全部包封住,由于其屋檐不出山墙,故名硬山。从外形看,硬山顶屋面双坡,两侧山墙同屋面齐平,或略高于屋面。

二　浙江祠堂古建筑的空间与结构

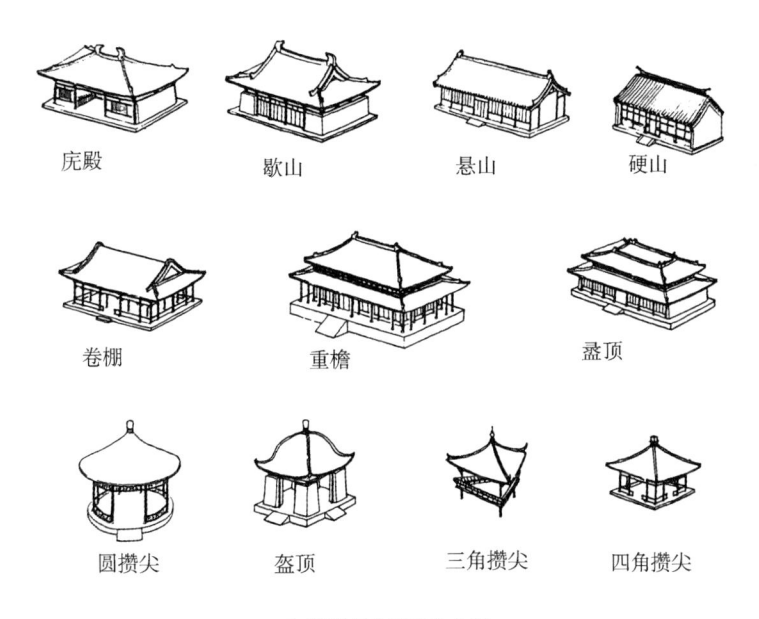

庑殿　歇山　悬山　硬山

卷棚　重檐　盝顶

圆攒尖　盔顶　三角攒尖　四角攒尖

古代建筑屋顶形式图

资料来源：梁思成《中国建筑史》，生活·读书·新知三联书店2011年版。

（二）戏台

祠堂内部建造戏台，供祭礼和娱乐演出之用。每逢年节，宗族请戏班唱戏，族人在热闹的表演中不仅得到欢愉，同时受到教化。一说：宗祠祭祀盛典，因为人多，要借演戏来维持安静，满足人心。乾隆十八年（1753）浙江水澄《刘氏家谱》中记载："崇祯甲戌：遇大庆，宴会于庙。聚客七八十人。非梨园，不镇器压俗。"

戏台是祠堂建筑的一部分，大多建造在祠堂内部，与门厅合为一体朝内。有些戏台向外突出一部分。其中有些戏台不唱戏时，是祠堂的通道，装上台板，就是戏台，这种戏台为"活动戏台"，如衢州龙游三槐堂戏台。而那些固定的戏台则被称为"万年台"。因架设而抬高的戏台，与正厅、厢楼（厢房）围合而成的空间则称为观看场地。

戏台一般建造精良，集实用和艺术于一体。戏台三面敞开，一般距地

· 35 ·

面 1.5 米左右，分前台和后台及两厢。正台为表演区，后台又称戏房。最初只是舞台后隔出 1/3 的空间，用于演员化妆及存放戏箱，后来得以扩展。两厢为乐队、锣鼓伴奏区。戏台的正立面制作工艺讲究，装饰有牛腿、雀替、额枋、斜撑、月梁等，它们均雕刻有各种精巧的人物、戏文、花鸟等图案。在戏台的正中顶部设有穹形藻井天花，以壁画装饰，两厢以栏杆相隔。整个戏台布局朴素简约而紧凑。

在结构上，戏台集楼阁的台基、殿宇的梁架、亭子的屋盖于一体。其建筑特色是它的细部装饰：建筑上的屋脊、壁柱、梁枋、门窗、屏风、牛腿以及其他细小构件，其雕刻、彩绘装饰内容丰富多彩，有雷云纹、回锦纹、如意花卉、戏曲故事、人物等。在手法上，戏台及观戏楼的正立面有木雕构件，或镂或剔，或浮雕、或透雕、或浅雕，刀法细腻，用工极其奢侈，没有较强的经济基础和高超的技艺是难以达到的。也有一些祠堂戏台的彩绘多运用青绿颜色、土朱单彩，在整体上构成一种鲜艳灿烂的效果。

台州三门县祁家戏台为四柱重檐歇山顶，呈四方形。灰瓦龙脊，顶脊龙吻双尾作"S"形上翘，直刺青天，显得古朴灵动，左右飞檐上，角脊饰卷草雕件，纤丽中见庄重。戏台前柱的倒挂狮子，雕工精湛，生动可爱。檐下斗拱相叠，梁枋雕刻彩绘精美绝伦，花板错落有致，梁枋上通体彩绘以回纹分隔戏曲人物故事，吉祥图案，栩栩如生，画工流畅朴实，技艺高超，雕刻、彩绘浑然一体。祁家戏台历经上百年的风雨剥蚀，檐下的一些精美花板曾遭人盗走，倒挂狮子也被人觊觎，幸未得手，避免了重演祁家古亭的命运。

祁氏宗祠戏台　台州三门县　2021.10

（三）天井

在中国南方民居院落中，露天空间与室内空间的面积远远小于中国北方。南方的院落往往空间紧凑，有时甚至演变为建筑之间一条条狭小的露天竖井，被称为天井。尤其当民居建筑高至两三层时，被垂直拉长的院落更加突出了水平空间的狭小。狭窄的露天空间里，天井形象地把握住了南方院落的空间特点。

院落天井的设计是中国传统四合院建筑所独有的空间处理结构，在江南民居建筑中尤为普遍。祠堂建筑采用围合多进式布局结构。在前厅和正厅、正厅和后寝之间常有两个天井。其地面多用石条、或青砖、或鹅卵石铺就。由于夏季潮湿多霉气，这种设计可以使屋内光线充足，空气流通。雨天屋前脊的雨水顺势纳入天井之中。古代商人怕财源外流，图吉利，名

三槐堂后天井　衢州龙游县　2020.10

之曰"四水归堂"。

（四）明间（正厅）

堂，为光明正大。中国帝王会见诸侯、进行祭祀活动的场所称为明堂，是帝王宣明政教的地方。据文献记载，明堂始创于黄帝，夏代叫"世室"，商代叫"重屋"，周代叫"明堂"。在民间，祠堂建筑中泛指明间正厅相当于"明堂"，是宗族祭祀天地、先祖的最重要的场所，也是宗族施行礼法的地方，平时也是宗族处理事务、婚丧嫁娶之所。

在浙江的宗祠建筑中，明间（正厅）以洁净、宽广、藏风、聚气为佳。它也是秩序最为严格的地方，整个室内陈设依据一定的规范排列。一般在正中设长条案桌，左右各摆太师椅一张，中厅左右各摆背椅4—6张，供族人长者议事之用。明间设照壁，上方悬挂名匾，下挂先祖遗像。许多祠堂在明间还有悬挂族规的传统，同时也有悬挂匾额。如衢州开化的汪氏宗祠有"越国流芳"。

祠堂的明间在整个建筑中占有核心地位，所有柱、梁架最大，牛腿也是最大、最出彩的。从平面布局上有"一"字形布局（开化大溪边村"大宗伯"明间）、"回"字形布局（兰溪长乐金氏宗祠明间）。从开间上有三开间（兰溪长乐金氏宗祠明间）、五开间（龙游三槐堂明间）、七开间（开化大溪边村"大宗伯"明间）。从檐口上分有平檐结构（开化霞山郑氏宗祠爱敬堂）、重檐结构（江山溪东王氏宗祠明间）。

（五）后寝

后寝是摆放先祖牌位的场所，也称神寝、后厅。一般正中安奉先祖考妣、始祖考妣神位，左安奉左昭配亭牌位，右安奉右穆配亭牌位。过去有乡人外出和返回时都要到祠堂后厅请示和报告的习俗，每逢端午、清明时节，家人都要到祠堂拜谒；另外，在世俗节日时，必须在供桌上摆放一些时令的果品；四时祭祀时，其仪式要遵从文公家礼。

（六）厢房

后祠堂内部，门厅与正厅、天井两侧由厢楼或连廊相连，厢楼过去专供未婚女子看戏，故也称"小姐楼"。正厅与后厅以厢房相连。

正厅上方的功名牌匾　温州市永嘉县芙蓉村　2021.10

后寝神龛　衢州龙游关西世家　2020.10

二　浙江祠堂古建筑的空间与结构

绍兴枫桥大庙厢房　2020.10

浙江祠堂的结构与装饰

中国古代建筑结构系统主要是建立在梁柱上，由梁柱结构产生建筑空间。其基本形式是用直立于地面的木柱子支撑屋顶的重量。柱子上架设水平方向的梁枋。因为用坡屋顶便于排水，所以需要多层梁枋相叠构成三角形的梁架，再在梁枋上架檩木，檩木上放椽木，从而完成房屋的结构框架。

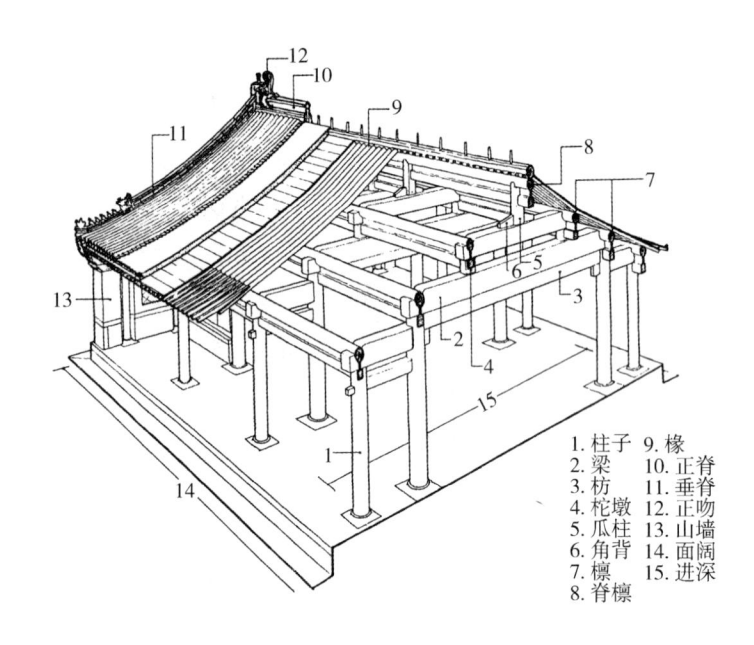

1. 柱子 9. 椽
2. 梁 10. 正脊
3. 枋 11. 垂脊
4. 柁墩 12. 正吻
5. 瓜柱 13. 山墙
6. 角背 14. 面阔
7. 檩 15. 进深
8. 脊檩

中国古代建筑木结构图

资料来源：楼庆西《乡土景观十讲》，生活·读书·新知三联书店 2012 年版。

二　浙江祠堂古建筑的空间与结构

此外在两层梁枋之间需要以柁墩、瓜柱相垫和支撑；梁柱之间用雀替和梁托以减少梁枋的跨度；用撑拱、牛腿或斗拱支撑挑出的屋檐；等等。这些建筑构件都是房屋结构的组成部分，都有结构上的功能。在乡土祠堂建筑中，室内很少用天花和藻井装饰，屋顶的部分梁架全部暴露在外。在长期的实践中，工匠对这些看得见的构件都进行了或多或少的加工，从而使它们具有了美观的外形，也起到了装饰作用。

(一) 梁架

立柱：中国古代建筑木结构的基本形式是用直立于地面的柱子支撑屋顶的重量。柱子是建筑上很重要的元素，凡是比较重要的建筑，都有柱子。在能力允许范围内，必然使用少量的柱子于正屋上。柱子代表垂直感的要求，不但使阳光可以穿透建筑内部空间，而且本身的柱体的曲面，也成为视觉的重心。"柱子是人类自身的影像。柱列不依靠墙壁的扶持（墙塌屋不倒），使建筑的空间有流通性，并能沟通内外。"[①] 在祠堂古建筑中，使用大量的立柱。尤其是正厅，立柱的选材非常讲究，常常选用百年大树粗壮的木头。由于石头有更大的承重能力，且不怕风吹、雨淋、潮湿、火烧等，也有一些地方祠堂采用石柱子。

柱础：柱脚与地面接触，以支持立柱的石磴，是木结构古建筑的一个重要建筑构件。最早的名称见于《淮南子》"山云蒸，柱础润"。柱础的功能是将来自屋架上的荷载重量通过柱子传递到柱础从而到达地面。柱础石的设置是将柱脚与地坪隔离，以防木柱因潮湿及通风条件限制而易腐朽，同时又加强了础基的承压力。由于南方多潮湿，在立柱之前将立柱的柱洞加以夯实处理。凡木结构的房屋，可谓柱柱皆有。

通常，柱础的尺度与柱身的尺度相协调，其高度和大小可以使柱子整体的比例感协调。"造柱础之制。其方倍柱之径，方一尺四寸以下者，每方

[①] 汉德宝：《中国建筑文化讲座》，生活·读书·新知三联书店2006年版，第239页。

一尺厚八寸；方三尺以上者，厚减方之半；方四尺以上者，以厚三尺为率。若造覆盆，每方一尺，覆盆高一寸；每覆盆高一寸，盆唇厚一分；如仰覆莲花，其高加覆盆一倍，如素平及覆盆，用减地平钑、压地隐起华，剔地起突，亦有施减地平钑及压地隐起于莲花瓣上者，谓之宝装莲花。"[①] 柱础纹饰有：海石榴花、牡丹花、宝相花、铺地莲花、仰覆莲花、蕙草、龙凤及狮兽等。这些纹样大多受佛教艺术的影响。

柱础样式多，从外部造型上有圆形、方形、多边形、筒形、腰鼓形等。最常见的是鼓状。由于祠堂建筑在民众生活中的特殊地位，其柱础雕刻工艺与体量也不一样，比较复杂的是在一个较扁的鼓下加个方座或八方座，或座下再加须弥座，形成一个层次感较强的石头建筑。

柱础石作为中国古代建筑中独具特色的一个构件，具有起源早、数量多、形式广、价值高的特点。它不仅具有使用价值，而且更具有艺术欣赏价值。柱础上不乏精美的动植物、器物及几何形雕刻。也体现了不同时期、地区的风俗习惯与审美特征。一座古建筑的构件、装饰、房屋、墙体会随着风雨、岁月的侵蚀遭到不同程度的损坏或增修改变。但柱础石往往数百年岿然不动。它也为古建筑提供了有说服力的实物依据及其史证价值。

---

① 陈凌广：《浙西祠堂》，百花洲文艺出版社2009年版，第180页。

二　浙江祠堂古建筑的空间与结构

关西世家立柱　衢州龙游杨家村　2020.10

乡村古建遗产　图说浙江祠堂

莲花瓣柱础石　衢州江山杨氏宗祠　2014.01

鼓状柱础石　衢州江山廿八都文昌阁　2014.01

束腰式柱础石　衢州龙游三槐堂　2020.10

宝状莲花柱础石　杭州淳安胡氏宗祠　2020.10

· 46 ·

二　浙江祠堂古建筑的空间与结构

梁架：中国各地常见的两种木构架体系为抬梁式和穿斗式。抬梁式木构架常见于中国北方地区，具有粗壮的角柱与沉重的横梁。但在南方地区，仅仅形制较高的建筑会采用抬梁式，更为常见的是穿斗式结构，以多条支柱与细梁交错而成，梁有时半铆入柱内，有时从整根细柱中穿插而过。

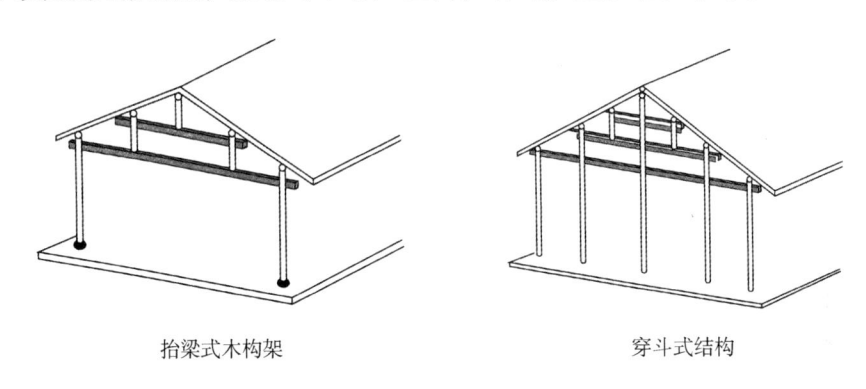

抬梁式木构架　　　　　　　穿斗式结构

梁架结构图

资料来源：那仲良、王行富《图说中国民居》，生活·读书·新知三联书店2018年版。

（二）梁枋

梁：架在墙上或柱子上支撑房顶的横木。

枋：在柱子之间，联系和稳定柱与梁作用的水平向穿插构件。

在木结构框架的房屋中，除了立柱外，梁为主要部分，数量多，尺寸大。一根平直的梁，两头架在柱子上，梁身承托着上边层层构件，其重力经过立柱传递至地面。建造祠堂的工匠对梁枋的装饰与加工表现在两个方面：一是对梁外形的处理，二是对梁枋的雕刻与彩绘。

月梁：将梁的两肩削成圆弧形，梁底轻微地向上的曲线，平直的梁变为微微向上拱起，形如弯月的梁，称为"月梁"。从力学上讲，上拱的弯梁比平直的梁承受荷载的能力更强；从视觉上，月梁减少了直梁的呆笨。月梁形态主要有：两肩下垂，梁底轻微上拱，梁身基本保持平直；梁背弯曲完全成弧线，梁底高拱如弯月者；也有利用木材本身具有的弯曲做成月梁的。

· 47 ·

月梁、虾须　金华兰溪市　2020.10

梁身上的雕刻装饰，简单的是在梁枋两端，顺着两肩下垂的弧线在梁身上刻纹装饰。刻纹有的呈简洁的弧线，由粗到细直至尖端，被称为"虾须"；有的呈植物花叶形，用卷草纹在梁头上起伏翻卷，相连成浮云般的装饰；有的刻成仙鹤头，犹如一只仙鹤探身向前，尖尖的嘴里还衔着一枝花叶，神态生动；也有在梁头上刻卷草龙纹。古代工匠将藏在心中的图像经过双手展示在祠堂的梁枋上，表现出他们高超的艺术构思和技艺。

在一些讲究的祠堂建筑上，为了显示家族的社会地位和人生理想，除了在梁枋两端外，在梁面中央也加以雕刻装饰。尤其在厅堂正中间靠外的那根梁上——由于它位于入口大门上方，所以称为"骑门梁"。这道骑门梁往往成为木结构梁架装饰的重点。

梁身中央常装饰成组的动植物组成的画面：两只草龙或蝙蝠围着中央

的火焰宝珠；一对蝙蝠和灵芝围着中心的聚宝盆，表现出吉祥、多福和聚财的象征意义，而更多的是以人物构成的戏曲内容的场面，以梁枋为舞台向百姓宣扬传统礼教。在不少骑门梁上，两端和中央的装饰之间又加了植物枝叶等雕刻，从而使梁身满布雕饰，成了一道真正的雕梁。在一些大型祠堂，多建有三开间或五开间的牌楼式大门，门上有一道骑门梁，梁上方还有一道或两道横枋。粗壮的骑门梁上，除了两端有简单的刻纹外，梁身上没有其他雕饰，但是在梁上方的横枋上却布满雕饰，有龙、狮子、麒麟等动物在草丛中相互追逐嬉戏；有众多人物在树下、亭间休憩交谈图案。这上下两道梁枋，一个是粗壮而素净的弯月形梁，一个是雕饰成花板似的平直枋，两者形成强烈对比，从而使大门既宏伟又华丽。

开化霞山汪氏宗祠骑门梁　2020.07

在一些讲究的祠堂厅堂中常设檐廊。这些檐廊顶上的梁枋都比较短小，而且处于光线较明亮处，所以它们成了装饰的重点。有的在梁的两头用植物花叶组成图案；有的雕成两只飞翔的蝙蝠，红色梁身，金色雕饰，显得十分鲜明；有的则把一场戏曲的武打场面搬到梁身上，连梁底也布满雕饰，加上梁背的雕花柁墩和斗拱，梁两头下的梁托，构成一组组雕花梁架，排列在白色的顶棚下，显得异常华丽。这种短型的梁在祠堂的厅堂中也能见到。有的只在梁两端施以简单的刻纹；有的在梁身上雕刻植物枝叶；有的在梁身上浅浅地雕上一层寿桃、蝴蝶，寓意耄耋长寿；有的梁身上布满金饰，用拐子龙、草龙、蝙蝠、钱纹组成具有多重象征意义的图案；也有的把整根短梁雕成狮子耍绣球，两只狮子头朝下，尾朝上，左右夹持着绣球，满涂金色的狮子梁衬在深色顶棚下，把祠堂装扮得十分华丽。

（三）柁墩、瓜柱

柁墩：上下两层梁枋之间，有规则的起垫托作用的木构件被称为柁墩。它的功能是将上层梁枋的重量传承至下层梁枋。柁墩体量不大，但工匠却在它的表面施以各种装饰。有用简单的回纹装饰，也有用植物纹样（荷叶莲花、绿叶黄牡丹）等雕刻的，还有的雕刻是建在水中的亭子，两侧有飞翔在云中的仙鹤。凡是用在房屋正面梁枋之间的柁墩，会越发注重上面的装饰。除了长方形的柁墩外，也有卷草纹组成梯形的，它们衬托在两层梁枋之间，比长方形柁墩更显稳当。也有莲花座上承托一只坐斗而组成柁墩。

柁墩的外形是一块长和宽都大于高的垫木。如果两层梁枋之间的距离较大，则垫铺的高度加大，扁平的垫木，变成一根小立柱。这种位于两层梁枋之间与柁墩一样起着传承重量作用的小柱称为瓜柱。常见的是圆形，上小下大，成束放状，下单开口骑在梁背上，造型俊俏、稳妥。在祠堂里，为了使瓜柱保持稳定，在柱两边夹扶持木，称为"角背"。在乡村，有的祠堂把这种角背做成一头狮子，趴伏在梁上用狮身围护着瓜柱，远看就像用狮子做成的柁墩。室内昏暗的梁上趴伏着一只只狮子，它们或是单色，或是彩色，再在狮子的头部特别用白色点出狮子的牙和眼珠，使一个个狮子脑袋凸显在人们的眼前。

二 浙江祠堂古建筑的空间与结构

祁氏宗祠梁枋　台州三门县　2010.10　　文昌阁梁架上的柁墩　衢州江山廿八都　2014.01

（四）穿

穿：两柱之间起联络作用的建筑辅助构件，常见的形式是一块长而扁平的木板，两头穿过左右的柱身。多用在柱子与柱子，或者瓜柱与瓜柱之间。对于穿的艺术加工，最常见的是做成月梁形。这些月梁形的穿，有的弯度比较平缓，有的拱如元宝，有的把不同弯度的穿对称地用在同一梁架上。

在浙江金华地区的祠堂梁架上。瓜柱与瓜柱之间用一种弯曲的拱形梁起到穿的作用，因为远观有点像直立的猫，故称为猫梁。猫梁有头有尾，头上有眼珠，很像装饰中草龙和拐子龙的龙头，可以视为神龙的变异。有的猫梁无头无尾简化为圆拱形的弯梁。它们蜷伏在梁上的瓜柱之间一个接着一个，好似水中的波浪，为粗壮的梁架增添了动感。还有一些祠堂梁架上，有鳌鱼形穿木。一条鳌鱼头在下、尾朝上支撑着瓜柱，或上下两根檩木之间，鱼嘴张开，有的嘴中还衔着一颗宝珠。常用在屋脊上的鳌鱼也被工匠搬到昏暗的梁架上来。它们和柁墩上的戏曲场景，斗拱上的花板凑在一起，显得梁架上十分喧闹。

（五）雀替、梁托

雀替：位于立柱与梁枋交接处的一种构件，其早期的形式是一条长条扁形木材居中放在柱头上，两头压在梁枋的下方，它的功能是托住梁枋，

· 51 ·

穿、猫梁　衢州龙游三槐堂　2020.09

减小梁柱接头处的剪力。这块木材也称替木，又因位于梁柱的交角，而称角替。位于梁枋下方的角替被工匠施以雕刻，在柱头两侧形如鸟雀展开的双翼，所以又称雀替。

在祠堂建筑上，雀替的设计形式多种多样，从外形到上面的装饰都无定制。雀替多处于房屋正面的梁柱交接处，面对庭院，其装饰性十分显著。由在替木上进行雕饰发展到整条替木成为一件木雕艺术品，有的雀替已经做成两块雕花构件，用卯榫插在柱头的两边，失去原有的结构作用，而成为单纯

二　浙江祠堂古建筑的空间与结构

雀替　杨氏宗祠　衢州江山南坞村　2014.01

的装饰构件。于是，随着装饰的需要，雀替突破了原有的造型，由原来的扁平三角形向下延伸，成为贴在柱身的长条装饰，继而又向中心延伸，使左右的雀替头相连，成为一件紧贴在梁枋之下、两边折而向下的大件装饰。

梁托：位置与雀替一样，处于梁枋与柱的交接处，但它不是一条替木，而是一块不大的构件，用卯榫插入柱身，在梁枋两端的下方对梁身起到衬托的作用，所以又称"梁垫"。梁托外形较简单，呈一边为圆弧的直角三角形。外沿的圆弧线多与月梁下的弧线相连，成为一条连续的曲线，从而加强了月梁的弯月造型。梁托虽小，但它的表面亦有雕刻装饰。简单的有几朵梅花，复杂的有一边是猴子趴在树下，树下的小猴子骑在虎背上，另一边是猴与鹿同处于植物的枝叶中。也有的梁托外形做成如雀替一样的替木加斗拱，上面布满花草植物图案。

乡村古建遗产　图说浙江祠堂

梁架上的梁托　衢州江山廿八都文昌阁　2014.01

杨氏宗祠门楼上的垂柱　衢州江山南坞村　2014.01

（六）垂柱

垂柱：垂在空中的柱子。一根短柱下部骑跨在房屋檐下伸出的梁枋上，上端支托起檐下的檐枋，它们代替了斗拱和撑拱支托着房屋的出檐。垂头尾是工匠进行装饰加工的好场所，常见的有莲花瓣形，这种莲花为几层莲瓣相叠，下用云气纹结束；也有的祠堂屋檐下的垂柱头为四方形的花篮，有的把花篮当作舞台，让文臣武将在花篮上演唱；有的将柱头雕成走马灯似的灯框与灯芯，每一面灯芯上都有戏曲人物在唱、念、做、打。灯框外还垂挂着彩绳，更加以彩色敷设，使垂头成了一件精细的雕刻艺术品。当人们步入祠堂，迎面见到的是厅堂房檐下的一排木雕。在这里，垂柱的装饰作用已经超越了它的结构功能。

（七）斗拱、撑拱、牛腿

斗拱：中国建筑木结构的一种特殊构件，由方形的斗和弯拱形的拱组合而成。斗拱放在房屋的檐柱和檐枋上，可支托屋顶的出檐，也可放在柱、梁之间或两层梁枋之间，起上下承接的作用。由于斗拱的用量较小，做法比较规范。至宋朝以后，它的尺寸成了木结构柱子、梁枋大小，甚至成了房屋开间尺寸的基本模数单位。"宋代的《营造法式》和清代工部《工程做法则例》对斗拱的形制都有严格的规范。在明清两代宫殿、陵墓等官式建筑上所见到的斗拱都是规整的形式。乡村祠堂建筑的斗拱往往不遵循官式建筑斗拱的形制，并不规范，而出现多样化的形态。"[1]

浙江永嘉楠溪江畔的芙蓉村，陈氏大宗祠有一座戏台，它面对大厅地位显要，戏台屋檐下斗拱的昂嘴既薄又尖，看上去十分轻巧。戏台顶的藻井四周都有斗拱支撑，一层层挑出的拱，都雕成了植物卷草形的撑拱，在每层斗上加了一块雕花板，装饰板上雕着花瓶、梅花、雀鸟、金钱纹等。这些用雕花板装饰的斗拱在四周簇拥着中心的藻井天花。

---

[1] 楼庆西：《乡土景观十讲》，生活·读书·新知三联书店2012年版，第154页。

乡村古建遗产　图说浙江祠堂

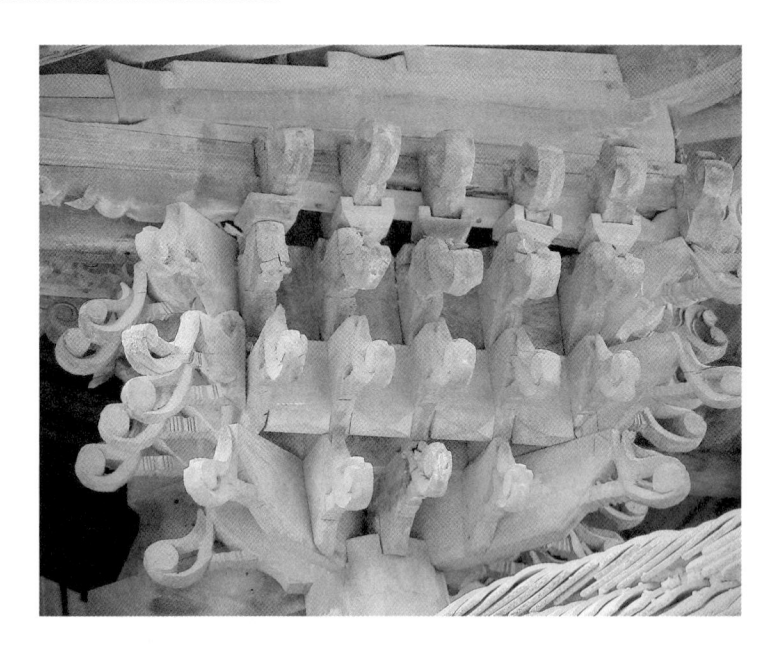

杨氏宗祠门楼上的斗拱　衢州江山南坞村　2014.01

金氏大宗祠　金华兰溪长乐村　2021.07

撑拱：用小木块拼装成的斗拱，支撑屋顶的出檐，这是古代工匠的一

二　浙江祠堂古建筑的空间与结构

个创造。但从结构力学上来看费工费时，做法并不先进。支撑屋顶出檐，只需一条撑木斜立在檐下，下端顶住柱身，上端支托在檐枋下。这比斗拱省力省工，有替代斗拱的作用，称为撑拱。

撑拱　金华兰溪大宗祠正厅　2020.10　　　　撑拱　衢州龙游三槐堂　2020.10

撑拱可用长条木板，也可用圆形木棍。有的把木板加工成曲线，与柱身相连的下端做成卷草形；有的在撑木表面雕刻花纹；有的把整条撑木刻成卷草或灵芝。圆形撑拱的装饰更加多样：简单的在表面刻以植物枝叶和花草等纹样；复杂的把整根撑拱雕成动物，如狮、鹿、雀鸟等，狮子头朝下，前足抱着绣球，狮身倒立，狮尾托住圆盘或方斗支撑在檐枋下；更为复杂的撑拱，在圆形撑拱上用立雕技法雕出荷花、荷叶、仙鹤，上端雕着串串葡萄，象征着"和合美好""多子多福"，小小一根撑拱，表达了主人的人生理念。

牛腿：撑拱虽然经过加工，也具有装饰作用，但它毕竟只是一条简单的木板或木棍，可供装饰加工的部位不多。于是，在一些比较重要的厅堂建筑上在撑拱和柱身之间的三角形空隙也被加进雕花木板，条状的撑拱逐步变成三角形的被称为"牛腿"的构件，牛腿造型比撑拱更完整，可供装饰的部位更多。

楼庆西先生总结："从各地乡土建筑上的牛腿装饰看大体可分为四类：卷草纹式、回纹式、动物式、人物式。"[①] 卷草纹式、回纹式的形态比较自由，可虚可直，可短可长，适宜组成各种形式的牛腿。第一种简单的用卷草与回纹自身盘曲而成；也有在卷草中加枝叶，回纹中加花卉等零星装饰。第二种复杂的以卷草、回纹为骨架，在其间加进植物、动物、人物、器物等，组成内容丰富的牛腿。兰溪诸葛村丞相祠堂屋檐下有成排牛腿，回纹组成牛腿的外形，回纹中雕出博古架，架上陈列着铜鼎、香炉、花瓶、盆景等。雕刻细致入微，瓶中的花草、盆景的山石都表现得很清晰。博古器物为文人所爱，表示其博古通今的学识。建德新叶村文昌阁的牛腿也是以回纹组成外形，其中包含着圆形雕版，上面分别雕着猪、兔、羊等家畜。这种贴近乡村百姓生活的题材，在宫廷寺庙建筑上是看不到的。第三类动物式牛腿。常见的是狮子、鹿。由于牛腿为三角形实体而非棍形，所以这里的狮子和鹿不一定都是头朝下，而是身躯直立。可以雕成花树下鹿与仙鹤并立，狮子胸怀小狮、足按绣球等较为丰富的景象。也有的把一只亭亭玉立的仙鹤与松树、石榴和灵芝组合在一起，表达出松鹤长寿、祥瑞、多子多福的寓意。第四种是以人物为主要题材的牛腿，这是牛腿中装饰最为复杂的一种。无论是手捧仙桃的老寿星，还是骑战马、双手举锤的武将，他们都与侍从人物及植物组成一幅幅戏曲场景：把屋檐当作舞台，再对着进出厅堂的人们演唱。这类牛腿有的直接安在檐枋之下支撑着出檐，有的牛腿加上一组斗拱支撑檐枋。这类斗拱大多对规则做了一些变异处理，牛腿上一直作斗，斗内向

---

① 楼庆西：《乡土景观十讲》，生活·读书·新知三联书店2012年版，第159页。

二 浙江祠堂古建筑的空间与结构

回纹式牛腿　台州三门祁家村　2021.10

卷草装饰式牛腿　衢州江山南坞村　2014.01

动物式牛腿　金华永康
象瑚里村占鳌公祠　2021.04

人物式牛腿　金华兰溪里郎村祠堂
2021.04

左右及前方伸出几个挑拱，而这些拱都成了满布雕刻的花板，回纹式的，植物花叶形的，好像是坐斗中的一丛花束，它们和牛腿以及柱头上的月梁、雀替一起组成了屋檐下的满幅雕饰。这些雕饰虽然大多数不敷色彩而保持了木料的本色，但仍然能够把亭台装扮得华丽富贵。

（八）花板

花板指雕刻有花饰的木板，它无结构功能而仅能起装饰作用。小型花板常常处于在梁枋与柱子相接处，在卯榫头露出的檐柱上，在露出檐柱外的梁头两侧。也有长条形的花板，在房屋正面梁枋之间，除了承重的柁墩，多用花板填充。它们被采用了镂空的雕花，以减少梁枋的沉重感。

占鳌公祠花板　金华永康象瑚里村
2021.04

祁氏宗祠正厅上的花板　台州三门县
2021.10

在一些祠堂上，多在正面大门屋檐下的椽子头上钉一块长条木板封盖椽头，以保护椽子免受日晒雨淋，称"封檐板"。板上雕出一幅幅植物花草、博古器皿、林中动物、人物故事。这些独立成章的木雕左右相连，组成一条内容丰富的花板。为了美化梁枋，有时把长条的花板钉附在厅堂表面的梁枋表面或者天花梁的底面。由于花板的装饰雕刻容易操作，所以雕刻大多很精细，人物的服饰、表情，花瓶、香炉等器物的整体形象和表面纹饰，都刻画细微，技法上兼用浅雕、深雕、透雕，使这些花板具有很强的装饰效果。

(九) 门窗

春秋战国时期，老子在《道德经》中说："造户牖，以为室，当其无，有室之用。"户为门，牖为窗。自古以来，凡房屋皆有门和窗。中国古代建筑的门很讲究，根据用途可分为城门、山门、殿门、院门、宅门、屋门、隔门、屏门等。其中殿门最为宏伟，宅门最讲究身份，屏门和隔门最见精致。中国古代建筑以梁柱木结构为主，墙一般不承重。廊柱内，柱与柱之间一般安装隔扇代替墙面。屏门一般作为屏风，用于室内空间分割。大门、院门为两扇，而后门或便门为一扇，都是实拼的板门，用作防护之用。

隔扇：中国传统建筑中在正立面上安装的若干可以采光通风和开关的户扇。隔扇落地的户扇，下做裙板，宋代称之为"障水板"。有分割内外之意，故称作隔扇，而不称之为门窗扇。向庭院一面全部开敞，做成隔扇窗棂形式，是中国建筑所特有的门窗形式。

东汉刘熙《释名·释宫室》中有："窗，聪也，于内窥外为聪明也。"说明窗子早已采用木格的窗棂，并用透明可看到窗外的材料做窗了。窗大体上可分为格扇窗和墙窗两大类。格扇窗与格扇门同时运用，只是把格扇门下部的裙板取消，保留上面的格心和绦环板，安装在槛墙上，称为"槛窗"。

隔扇、槛窗是木雕艺术中最为重要的组成部分。窗棂、隔扇，不仅具有门窗的功能，还体现了中国古代的空间观念。有限空间与自然的无限空间相贯通。据史料分析，古代门窗木雕大致有三大流派：一是东阳流派，雕刻得比较浅，比较细致；二是安徽徽派，雕刻由深到浅；三是福建的永春雕，一般以人物、情节见长。浙江祠堂大多以东阳木雕为主。在浙江各地祠堂的门窗形式和装饰十分自由，既有宫殿上用的三叉六菱花窗，以回字云纹式、套方铜钱式、十字长方式、井字嵌梭式居多，也有植物、动物、人物、器物装饰的各种式样的窗。

格扇门　衢州江山南坞村杨氏宗祠　2014.01

格扇门　衢州龙游三槐堂　2020.10

二　浙江祠堂古建筑的空间与结构

隔扇门　金华永康象瑚里村占鳌公祠　2021.04

（十）天花与藻井

天花：建筑室内的吊顶。因为天花板向下的一面多画有花卉图案，故称"天花"。天花依靠杆件钩吊在枋檩上做成室内的顶棚，为平面结构，主要起到使房屋美观整洁的作用。明代文震亨《长物志·海论》中提道："忌用承尘，俗称天花板是也。"衢州龙游三槐堂后堂天花彩绘，采用四小团花围合一大圆主题，每一团花围内所绘画案，花叶有旋律地向内顺时针舒展。大圆中心彩制天马、麒麟、鹿等动物。另外，江山廿八都文昌阁有四百余幅天花壁画，著称乡里。

藻井：中国建筑中的一种特殊形制，是一种空间装饰，没有结构作用。只允许用于帝王的宫殿、庙堂和宗祠建筑中。藻井多设在殿堂空间的主要位置。之所以称其为藻井，是因起初多绘有莲荷的图案，而藻是水生植物的统称，有华丽的意思。

在祠堂建筑中，戏台的顶部空间常设藻井。因为戏台本身位置的抬高，造成空间高度不足，形成压抑感，由于采用了藻井的结构，使有限的空间形成上升可扩散的艺术效果。也有的祠堂在廊道天花板上，也设有藻井。如江山廿八都文昌阁充分利用藻井的特点将二楼内廷的天花以连贯的藻井壁画的形式装饰，使空间华丽多彩，独具一格。

藻井种类基本有四种类型：斗四藻井、斗六藻井、斗四八井、螺旋圆形。斗，从四面八方趋向一个中心的构造做法。

二　浙江祠堂古建筑的空间与结构

江山文昌阁廊道上斗六藻井　衢州江山廿八都　2014.01

祁氏宗祠戏台上的藻井　台州三门县　2020.10

（十一）墙体

为了保护木构架限定出的室内外空间，乡土建筑根据当地的建筑材料和风俗采用不同材料建成外围护墙体，例如夯土、砖石、块石、木头、木板等。非承重墙采用木板或植物性材料建成。在中国南方，大理石不仅仅用于地面和柱子，也用于垒砌墙裙。还有很多地区，人们采用从河岸和山坡收集而来的大小不一的卵石筑矮墙。在建造时，墙体往往混用不同的建筑材料，充分考虑材料的易得性和造价。

浙江祠堂院落和房屋建有厚重的承重墙体。石材广泛用于台基、墙基、台阶和地面，而青砖则成为墙体的主要材料，大片被饰以白灰，与屋顶的瓦当形成"粉墙黛瓦"的中国传统南方乡村建筑形象。

马头墙在浙江的传统村落祠堂中十分常见。马头墙作为民居的山墙，其高度比屋顶坡面更高，在每段墙脊的顶端多微微翘起，用砖瓦花装饰，它在屋顶之上层层叠起夸张的造型，形似"马头"。可能起源于建筑之间的防火墙，因为在屋顶之上高高升起的马头墙能够阻碍火势在相邻的屋顶间蔓延。随着烧制型黏土砖在明代成为较为廉价的建筑材料，马头墙在此后的民居中变得越来越普遍。飞檐翘角，往往在墙顶覆盖深色瓦片，这样能使山墙的轮廓更加突出。于是山墙顶端的深色轮廓与下部白粉墙面之间构成强烈对比。"白墙、灰砖、黑瓦成为浙江地区祠堂建筑的基本色彩构成。形成了中国民居建筑一个独一无二的标志。"[1]

---

[1] ［美］那仲良著，［菲］王行富摄影：《图说中国民居》，任羽楠译，生活·读书·新知三联书店2018年版，第64页。

二　浙江祠堂古建筑的空间与结构

三槐堂　衢州龙游横山儒大门村
2020.10

诸葛八卦村　金华兰溪　2021.07

金华兰溪大宗祠　2020.10

· 67 ·

（十二）抱鼓石

抱鼓石由形似圆鼓的两块人工雕琢的石质构建，一般位于宅门入口。因为它以一个犹如抱鼓的形态承托于石座之上，故得此名。鼓是法事专用的乐器，人们把抱鼓石看作能够驱邪避灾的象征，在佛寺、祠堂等庙宇前，传统民宅大门前成对出现。

祠堂前的抱鼓石，也能代表家族族人中当官的官位。官位越大，门前的石鼓也就越大。因此，石鼓也是家族身份、地位的象征，是物化的礼制文化符号，它也是一种内在文化通过装饰符号语言展示于现实世界的典型事例。

祠堂大门的抱鼓石形制比较单一，绝大多数分三段：下部为基座，中部为承托件，上部为抱鼓石。抱鼓石有向外突兀的起势，很像一只螺或蜗牛，抱鼓石就像其所背负的厚重外壳。抱鼓石除了装饰，有祈福吉祥、辟邪的象征作用外，还是一组有机的建筑构件，能够承托和稳定门板、门轴，加固或安装门槛的作用。当然，它也是门第显贵的表现，是中国宅门"非富即贵"的门第符号，是最能标志等级差别和身份地位的装饰艺术品，可以作为大宅门的标志物。祠堂抱鼓石的装饰图案有：瑞兽祥云、花鸟虫鱼和器物。鼓座上多浮雕如意纹、卷草纹、祥云纹等纹样，表达着吉祥福寿的寓意。

二　浙江祠堂古建筑的空间与结构

抱鼓石　金华兰溪长乐村　2021.07

(十三) 匾额、楹联

匾额：一种横向长、竖向短、厚度薄的东西。中国建筑多用木制匾，也有砖石。题字悬挂在额枋上，所以称之为"匾额"，简称"匾"。中国建筑悬挂匾额的历史非常悠久。

·69·

据文献考证，秦汉时期宫殿园囿的匾额题字多为三个字，如通天台、未央宫等，前两个字是名，后一个字是建筑的形式。古时在匾上题字，是为颂德表彰，其标明不是题景。据记载，园林建筑用四字题名是清康熙皇帝于承德避暑山庄开始，后大多用四字题名，不仅是命名这个建筑，也代表一处景境。四字题名被广泛采用，如圆明园的"正大光明""万方安和"。

浙江祠堂匾额，按内容有三种类型：堂名、颂德、表彰。按制作形式有三种类型：砖雕锲刻型、木匾书题型、金匾勒刻型。从字数上主要以两字、三字和四字匾居多。根据规制，古时通常以金匾的规格最高，为皇家、庙宇专用，平民以木制和砖刻匾为常用。

衢州开化霞田汪氏宗祠　2020.07

楹联："楹，柱也。"联，一般是对仗工整、平仄协调的对句和联语。建筑中的楹联是木制的或刻在柱上的、固定的对联。它不仅有文字的意义，而且具有建筑上的构图作用。

清代是楹联发展的鼎盛时期。清朝统治者中以乾隆皇帝最有代表性，他不仅积极推行汉化，适应汉民族文明程度较高的社会经济状况，而且注重学习吸收优秀汉族文化传统。乾隆喜诗词、擅书法、嗜园林，在艺术上很有修养造诣。楹联用于殿堂建筑，不是颂扬帝业的宏图永固，就是祈愿菩萨普度众生，或是借联语起教化作用。

浙江祠堂也有名人题写的楹联。如北宋大文学家苏轼为江山清漾毛氏祖祠题写的"天辟画图星斗文章并灿，地呈灵秀山川人物同奇"反映了教化事理和人生哲理的内容。江山廿八都文昌阁所题，"二三更里有书声，五六月间无暑气"，此联充分反映了在儒家文化影响下的劝学思想。

（十四）屋顶

屋顶：房屋整体造型中很重要的部分。"中国的屋顶，在形式上是带曲线的金字塔或梯形，带有纪念性，也有轻快舒展的感觉。越重要的建筑屋顶越大，在三段比例上，占有的分量越大，越显示其尊贵，一般居住建筑，屋顶小，具有亲切轻快之感。屋顶是天，占比例最大，台基是地，占比例次之。"[①]

中国古代建筑，由于采用土木结构，大部分为坡形屋顶，所以屋顶显得很大，有"大屋顶"之说。在长期的建造实践中，工匠创造了多种形式的屋顶，其中主要有庑殿顶、歇山顶、悬山顶和硬山顶四种样式。除此之外，还有攒顶、穹隆顶、盝顶、平顶等。在庑殿顶、歇山顶之中还有单檐和重檐之分。所以在同一形式的屋身上，由于使用的屋顶不同也会产生不同的建筑造型，在乡土建筑领域，许多形式的屋顶都有留存。乡村大量的

---

① 汉宝德：《中国建筑文化讲座》，生活·读书·新知三联书店2006年版，第243页。

住宅屋顶主要是采用悬山顶和硬山顶两种形式。但在祠堂、寺庙大殿的厅堂，戏台上也经常采用庑殿顶、歇山顶和攒尖式屋顶。

屋顶除了总体造型之外，还有许多装饰处理。工匠在制作屋顶上的各种构件时，多对它们进行了美的加工，使这些构件不仅具有功能上的作用，还有美的外形，产生了屋顶上的种种装饰。比如在两面坡、四面坡和攒尖式的屋顶上，两面坡相交形成屋脊，数条屋脊相交有了节点。工匠对屋脊和节点进行加工成为装饰。屋顶铺设板瓦和筒瓦，处于檐口的要用滴水瓦和瓦当；在较大的屋顶上，檐口的筒瓦还需要用瓦钉予以固定；于是在这些滴水瓦和瓦当上都出现了各种花纹装饰。正是在这些屋脊、瓦当、滴水瓦的种种装饰上，我们看到了古代工匠的智慧和创造性。

1. 正脊

屋顶中央部分前后两面坡顶相交的屋脊称为正脊，它处于房屋屋顶的正面，位置重要，多有装饰处理。在祠堂、寺庙等公共建筑的屋顶上，正脊都有不同的装饰。最常见的是佛寺里殿堂正脊上的佛塔。其他寺庙正脊上的神龙、楼阁建筑等。这些装饰多集中在正脊的中央，也有向两边延伸，个别达到整条正脊都布满装饰。

乡土建筑屋顶的正脊和正吻一样，比城市建筑更为多样和丰富。江南地区农村住房多为两面坡的悬山式屋顶，上覆青瓦。它们的屋脊只用青瓦竖立排列成脊，两头在正吻的位置微微翘起，中央用瓦片组成几何装饰。虽然简单，但显得很灵巧。在一些祠堂的厅堂屋顶上，除了脊本身有线脚处理外，有的将中段用砖或瓦做成镂空的花饰。除美观外还能减轻屋脊压在木架上的重量。多数厅堂的屋脊都有装饰。最常见的是龙。龙是中华民族的象征，民间盛行龙文化，所以祭祀祖先的祠堂都喜欢用龙做装饰。有用整条龙趴伏或竖立在正脊两侧的，有在脊中央用双龙戏珠的。多用陶塑或泥塑制龙，把神龙打扮得五颜六色。

2. 正吻

处于正脊左右两端与垂脊相交的节点称"正吻"。在汉代坟墓出土的陶上，早期正吻的形象，大多数只是经过简单加工，使节点成为表面比较光滑的几何形体，看不出具体的内容。明清两代皇家宫殿上的正吻是中国古代最完整的正吻形象。它具有由龙头、龙尾组成的呈正反的外形：龙嘴张开衔着正脊，龙尾向上反卷，正吻的表面还附有龙腿、龙爪和一条小龙，有一剑柄插在吻身上面，为鸱吻。

中国古代建筑采用木结构体系，自有它的优点：木料比起石料和砖材在开采、制作和运输、施工建造上都比较方便；木结构由于采用卯榫连接，比较能够承受外界突发的冲击力（如地震）的破坏等。但同时它也存在着缺点：木结构怕火、水和虫害的侵蚀，尤其是火灾。于是在屋顶最高的正吻出现了鱼虬的形象，以防火灾。虬为无角之龙，龙为神兽，鱼虬为鱼和龙的结合，属于神兽的一类。鸱为传说中的一种怪鸟，在《山海经·西山经》中形容它是一首三身，其貌怪异，尾部长得像鸱的鱼虬，更带有神秘性，更容易引起人们赋予其神秘的力量。

无论是早期的鱼虬，还是后来的龙子鸱吻，它们并不能真正起到消除火灾的作用，但它们却始终出现在历代的建筑物上，成为中国建筑屋顶上一种重要的装饰构件。在《营造法式》里，列举了若干种正脊和正吻的做法，其中有游脊、甘蔗脊、雌毛脊、纹头脊、哺鸡、哺龙和鱼龙吻、龙吻等多种形式。游脊和甘蔗脊最简单，正脊只用竖立或斜立的瓦并列而成，两端或稍翘起或用回纹作结束。雌毛脊两端翘起；纹头脊可用回纹等几何纹样，也可以用植物纹样；哺鸡、哺龙则用鸡头和龙头作吻。凡大型厅堂屋顶上，用鱼龙吻或龙吻，即两端正吻用龙头鱼身或龙头龙身。

一些祠堂屋脊上用夔纹组成两端的正吻，正吻上有倒立于脊背上的鱼形装饰称为鳌鱼。鳌，传说中海里的大龟。龟为水生动物，与龙、虎、朱雀并列为四神兽之一。自然赋予了它神圣之意，它与鱼虬一样有灭火消灾的象征作用。在浙江祠堂的戏台、门头上的屋脊两端常见这种鳌鱼装饰的正吻。它们多微张着嘴，衔着屋脊的一角，造型生动。

屋顶的正吻上，有许多龙吻。有龙嘴张开衔着脊，龙尾反卷着者；有两个龙头分朝向两端并列在脊端者；有龙头向上仰望着青天者；有两只龙头相接，一只在下衔着脊，另一只在上作朝天吼者。它们都由砖材雕作，安置在砖瓦正脊的两端。在乡村的祠堂、戏台等建筑屋顶上，有各式各样的龙吻，充分显示了当地工匠无比的艺术创作力。在民间，龙象征着神圣与吉祥，百姓也喜欢把龙装饰在房屋上。

3. 垂脊与戗（qiáng）脊

主要殿堂建筑上多用庑殿或歇山式屋顶。庑殿顶除中央的一条正脊外，还有自正吻伸向屋角的四条垂脊。歇山顶，除正脊外，也有四条斜向的戗脊。在各地一些祠堂、戏台等建筑的垂脊、戗脊上，也有装饰，也有用小兽的，其形象、个数也不同，没有限制。有的是一个个卷草枝叶密密地排列在脊上；也有的用一条龙或者双龙对峙，趴伏在屋脊上做装饰；还有的用回纹或植物卷草组成脊上装饰。

有些祠堂建筑的屋顶四角高高翘起。这种造型极大地减少了硕大屋顶的沉重感。它们形如飞鸟的翅膀，所以古人形容这样的屋角为"飞檐翼角"，在乡间寺庙祠堂的厅堂门楼上，也采用这种飞檐。简单些的只用竖立的瓦片组成屋脊，延伸向上，形成尖角向上翘起；有的在屋角的顶端用鳌鱼倒立，鱼嘴衔屋脊，鱼尾直冲青天；有的将仙鹤放在脊端，长颈尖嘴的仙鹤，仰望苍天，张翅欲飞，一座座屋顶仿佛要被这成群的仙鹤带上青天。

4. 屋顶瓦面

在木结构的屋顶梁架上铺设瓦面使之成为一座建筑的完整屋顶。瓦面用瓦铺设。浙江祠堂主要为青瓦铺就。青瓦，用泥土制成瓦形土坯进窑经高温烧制而成。它的制作犹如陶器，故又称陶瓦。青瓦屋顶的一般有筒瓦屋顶，还有一种合瓦屋顶。一行行铺就的屋顶有一种规律性的秩序感。无论是板瓦或是筒瓦，铺设在四面四周屋檐处的都在瓦头上添加了一个垂直面，如果是仰瓦，这个垂直面便于屋顶积水滴落而下，所以称为滴水瓦。

如果是筒瓦或者覆瓦，这个垂直面就能够遮挡住瓦垄的顶端，称为瓦当。这种处于檐口的成排的瓦当和滴水瓦自古以来就是工匠装饰的部位。中国早期建筑留存至今的较为稀少。如今留下的只有一些当时屋顶上的瓦当了。在这些瓦当上，古代工匠用文字、动物、植物等形象组成了各种装饰。它们虽然体量不大，但仍能够表现出古人丰富的艺术创造力，从而构成了那个时期特有的瓦当艺术。

鱼龙吻　金华兰溪大宗祠正厅　2020.10

龙凤吻　祁氏宗祠　台州三门祁家村
2021.10

双龙戏珠正脊　诸暨枫桥大庙　2020.12

檐翼角　衢州江山廿八都文昌阁　2014.01

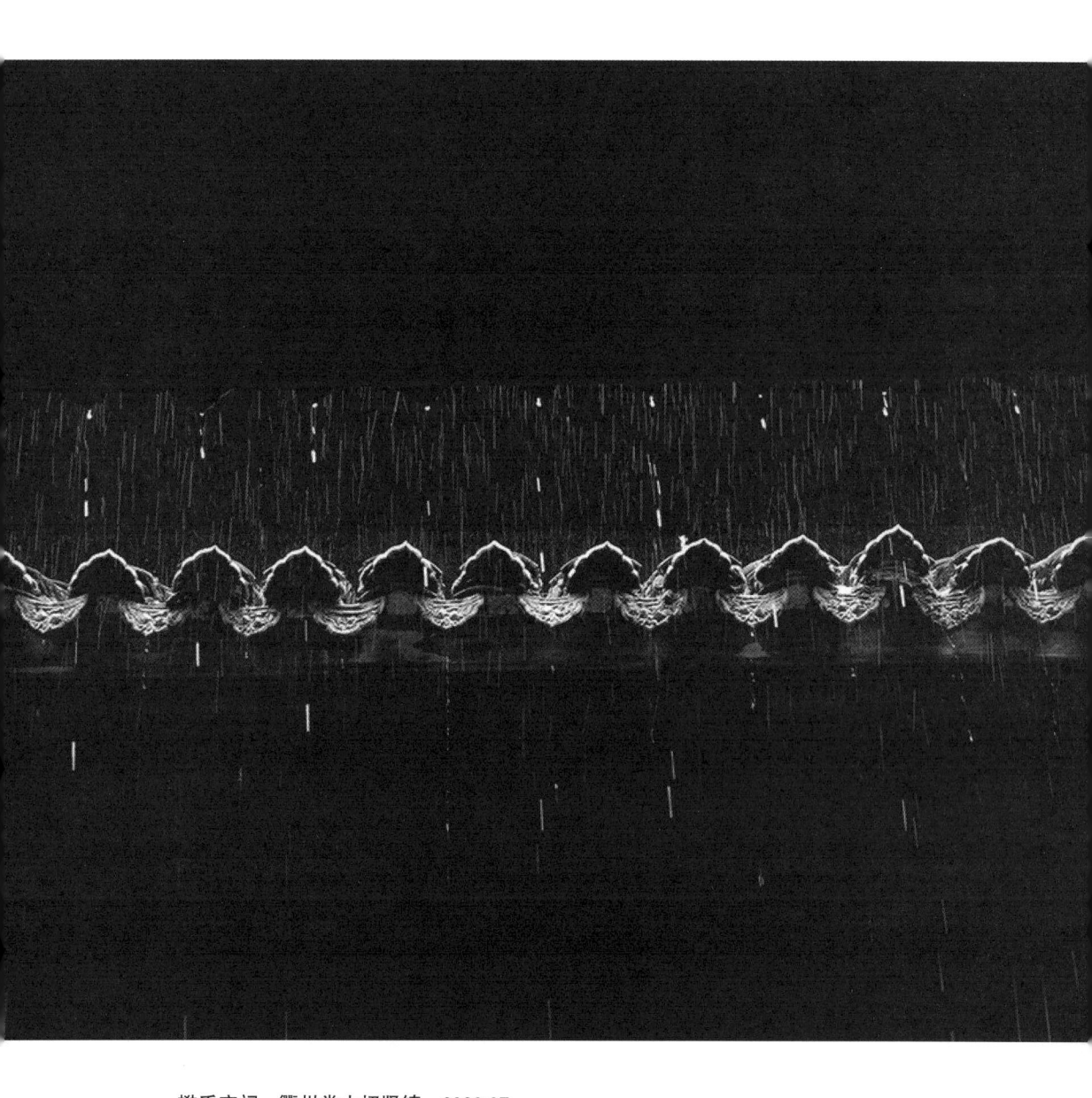

樊氏宗祠　衢州常山招贤镇　2020.07

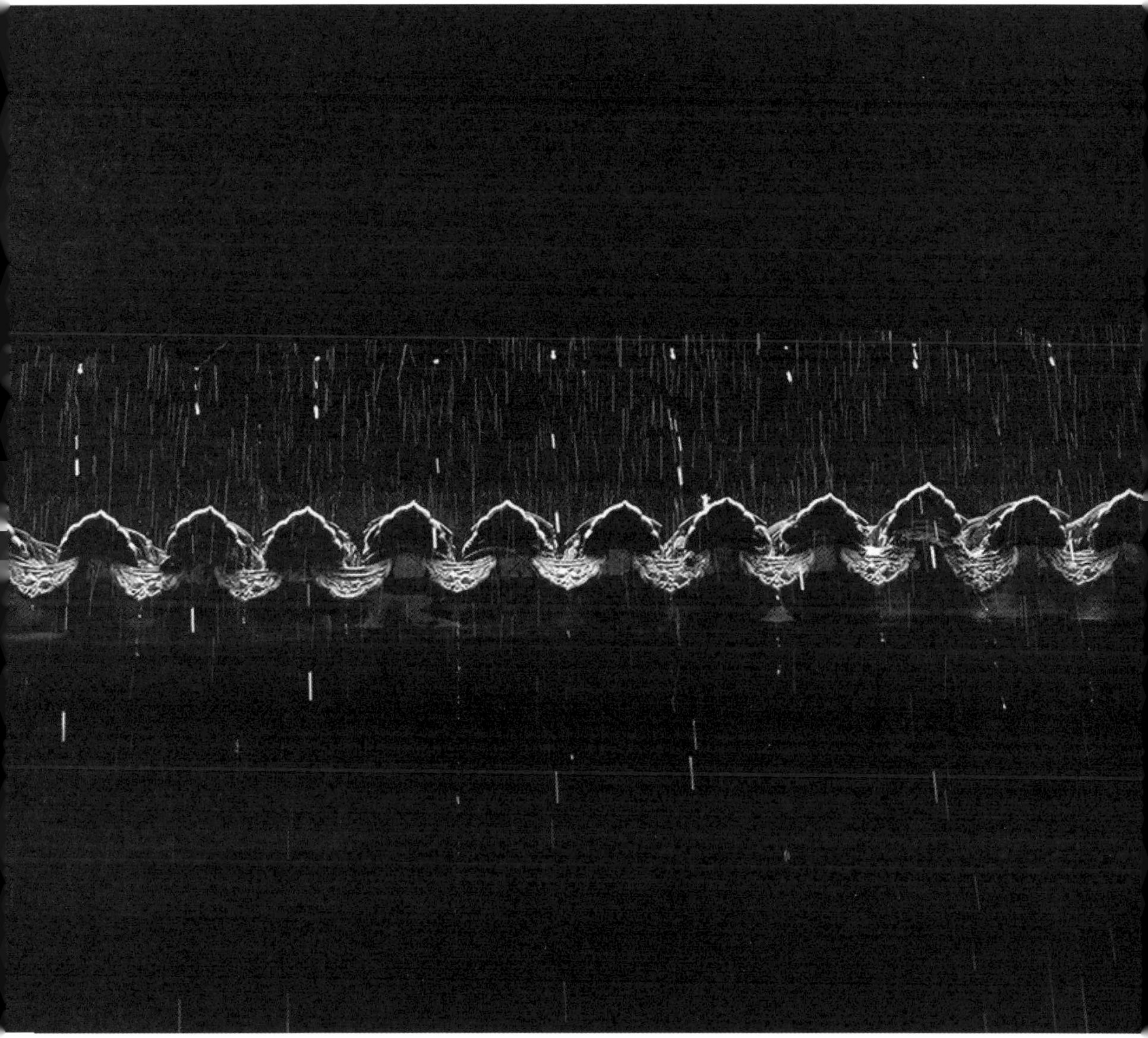

三 浙江祠堂古建的影像考察研究

- 田野调查与影像创作
- 金衢盆地
- 杭嘉湖平原
- 温台滨海
- 宁绍河网
- 舟山群岛
- 丽水山地

三 浙江祠堂古建的影像考察研究

田野调查与影像创作

田野调查又称田野工作（field work），也称实地研究（field research），是人类学学科的基本方法论。"它把人类学家从'摇椅上的学者'变为'参与当地人生活的学者'。它是一种包括了参与式观察和深度访谈的研究方法，'参与'与'观察'成为其最基本的属性。"[1] 研究者需要深入被研究对象的生活，通过直接积累经验和信息，来达到了解某一人群或事件的目的。作为一种广义的研究方法，田野调查被广泛运用于人类学、社会学、考古学、生物学、地理学等社会科学和自然科学领域——科学记录，档案，证据。

（一）田野调查与摄影

田野调查作为一种方法，从一开始便对所有更具优势的观察与记录方法保持欢迎的态度。影像作为最"直接"与"真实"的观看手段，其"在场性"与"机械复制性"正好迎合了人类学家的这种期待，从而成为人类学家除了文字记录之外的辅助工具。从那时起，田野调查与摄影之间便开启了相亲相爱、相辅相成、互为主角、互相成就的时代。

1. 外部世界的指向

从田野调查在人类学发展过程中的历史演变可以看到，因为倡导研究者走向"田野"，它与摄影对外部世界的指向有着天然的联系，而它们的变化路径也颇为相似。摄影术在发明之初，由于外部世界早就是其他艺术类型和文化形式所表现的主题，而当时的照片似乎可以印证人们对外部世

---

[1] 赵娟：《温故启新：鲍希曼中国建筑考察研究及其意义》，《文艺研究》2014年第12期。

界的看法,人们信任摄影能"还原现实",具有"精确性、真实性",这与早期人类学田野调查不谋而合。

2. 证据与知识生产

考古学家和人类学家迅速将摄影运用到田野调查工作中,以确保研究资料来源的可靠性,而他们若不便远行,就会同摄影师合作来论证研究成果。比如,考古学家菲力西恩·凯纳尔·德·索尔西(Francis Kainar de Solsi)在1854年与摄影师奥古斯特·萨尔茨曼(Aguste Salzmann)的合作。学界以索尔西手绘的素描和地图的不准确性为由否定他对耶路撒冷的研究成果。萨尔茨曼提议用照片来取代手绘图片。数月内,萨尔茨曼实地踏查,拍摄了150张照片,最终证实了索尔西理论的真实性,结束了论战。与那些景色秀丽的风景照片完全不同,萨尔茨曼的影集《耶路撒冷》由文献照片构成,是为了论证某一个论题,参与某一个学科论战。可以说,摄影和田野调查的紧密联系几乎从一开始就是在证据和知识生产的影响下产生的。

由于摄影和田野工作都要求实践者必须亲自在场并与对象展开实际互动,因而二者在观念层面也天然契合。摄影延伸至关于人类文化与生活的实际场景,探索和表征文化的具体方式。田野调查也常作为一种方法运用于纪实摄影项目和艺术创作中。20世纪初刘易斯·海因(Lewis W. Hine)对童工的记录和20世纪三四十年代罗伊·斯特赖克(Roy Stryker)领导的FSA摄影计划。还有庄学本的西南少数民族影像、20世纪50年代至90年代张祖道对江村的影像田野调查,以及20世纪八九十年代纪实摄影热潮中一些摄影师对田野调查的有效运用。

发展至今,摄影已不再仅仅作为田野调查的记录工具,田野调查也已成为摄影项目的工作方法。杨云鬯在《田野调查与摄影:历史、当代以及对人类学的"超越"》一文中所写:"通过引入这种强在场性的手段来让艺术家对其所拍摄的事物有更加直观、深入的了解,而不是作为一份知识生产的理论保单。因此,在摄影项目中所采用的田野调查法,可以是人类学的,更可以是新闻学的、社会学的、哲学的、甚至诗学的。"①

当今摄影的高度普及带来影像的大量生产,但影像的普及与影像的深刻之间并没有正向的关系,甚至泛滥的影像可能会成为人们深度描摹和认知社会的阻隔,这就迫使严肃的摄影者在另一个维度上进行更加深入的实践。走向田野与社会,以参与和观察作为基本前提的拍摄,可能会为这种实践提供切实的入口。同时,随着这种深入,深度体验与观察又会为创作者带来新的灵感,从而拓展其创作的视野与疆域。

以田野调查为方法的摄影,对现实精确复制的能力,对于摄影媒介表现功能的认识,对主观体验的唤起,使摄影创作兼具科学记录和艺术情感的表达。摄影文本的形成,会在更大的历史与现实的语境中,在特定的社会背景、文化观念中生成新的意义,能够提供长久的历史、人文及科学价值。

(二)浙江祠堂古建的影像考察研究

基于"历史文化空间"和"遗产保护利用"的背景,在文献研究和田野调查的基础上,综合建筑、历史、影像、艺术等学科,选择浙江省境内具有代表性的祠堂古建筑(以国家级、省级文物保护建筑为主,兼顾不同地区有特色的祠堂古建)作为影像考察样本。用摄影的方式对其建筑形制结构、祠堂场域、装饰艺术、风物风俗等方面进行记录与呈现,系统性、完整性、艺术性地反映古建祠堂遗产的文化内涵与当代价值。

具体包括以下四个方面。①祠堂古建与自然环境。祠堂建筑是乡村特有的空间存在形式,根据古建遗产的自然地理环境,表现祠堂古建的形制结构,充分反映它所处的典型环境与自然氛围,实现人文与自然的高度统

---

① 杨云鬯:《田野调查与摄影:历史、当代以及对人类学的"超越"》,《中国摄影》2018年第8期。

一。②祠堂古建结构（梁架、门楼、墙体）。根据不同气候、时间以及光线的变化，表现祠堂古建特有的营建结构（门楼、梁架、墙体）的营建技艺、艺术审美与社会文化内涵。③祠堂古建装饰（砖雕、木雕、石雕）。雕刻是祠堂古建的灵气和精华，蕴含着丰富的美学价值和人文思想。通过对古祠堂建筑"三雕"的影像表现，充分反映了营建者的技艺与世俗情感。④祠堂古建的当代场域。摄影的"在场性"拍摄，从单纯记录建筑遗产到表示古建遗产"活化"与现代生活实际场景（政务议事、公益活动、婚丧嫁娶、游学旅行）。让历史与现实不仅仅是一种线性的时间过程，更是一种交融和互释运动，让古今相互对话与观照。

在摄影设备和材料上，选择了大画幅黑白摄影和无人机拍摄。大画幅摄影特有的观察（凝视）方式，擅长于冷静、理性地表现建筑题材。祠堂古建筑具有历史感，而"后胶片"时代银盐材料的稀缺性、手工性，也能够为影像带来更多的艺术魅力。无人机航拍，自由的高度，开阔的视野，能够便捷地展现古建祠堂与文化礼堂的全貌及周边环境，其丰富的视角，能够突破人不能到达的机位角度拍摄，能够较好表现祠堂建筑整体的平面格局与顶部特征。

地区	祠堂古建	时代	级别	位置
金华	下孟塘村上族祠	明清	国家级	金华永康兰溪永昌街道下孟塘村
金华	长乐村金氏大宗祠、象贤厅	元明清	国家级	金华兰溪诸葛镇长乐村
金华	芝堰村孝思堂	明	国家级	金华兰溪黄店镇芝堰村
金华	诸葛村丞相祠堂	明清	国家级	金华兰溪诸葛镇诸葛村
金华	象瑚里村占鳌公祠	清	省级	金华永康方岩镇象瑚里村
衢州	霞山汪氏宗祠	清、民国	省级	衢州开化霞山乡
衢州	樊氏大宗祠	清	省级	衢州常山招贤镇五里乡樊村
衢州	江山廿八都文昌阁	清	省级	衢州江山廿八都镇浔里村北
衢州	关西世家	明	国家级	衢州龙游县志棠乡杨家村
衢州	南坞杨氏宗祠	明清	国家级	衢州江山市凤林镇南坞村

续表

地区	祠堂古建	时代	级别	位置
衢州	儒大门村三槐堂	明清	县级	衢州龙游横山镇天池村儒大门村
衢州	大陈汪氏宗祠	清	省级	衢州江山大陈乡
杭州	新叶村崇仁堂	明	省级	杭州建德大慈岩镇
杭州	胡氏宗祠	清	县级	杭州淳安梓桐镇胡江村
湖州	白溪朱氏宗祠	明清	省级	湖州长兴县雉城镇
嘉兴	钱氏宗祠	清	省级	嘉兴海盐沈荡镇
绍兴	诸暨枫桥大庙	明	省级	绍兴诸暨枫桥镇
绍兴	华堂王氏宗祠	明清	国家级	绍兴嵊州金庭镇华堂村
宁波	泗门谢氏始祖祠堂	明清	省级	宁波余姚泗门镇后塘河社区
舟山	定海三忠祠	清	省级	舟山定海城关镇
温州	芙蓉村陈氏宗祠	清	国家级	温州永嘉大若岩镇芙蓉村
温州	溪下金氏宗祠	清	省级	温州永嘉县溪下乡
台州	三门祁氏宗祠	明清	省级	台州市三门县祁家村
台州	妙水陈氏宗祠	清	省级	台州天台县赤城街道
丽水	景宁时思寺	南宋至清	国家级	丽水市景宁畲族自治县大漈乡西二村
丽水	北山吴氏宗祠	清	省级	丽水青田县北山镇
丽水	黄坛季氏宗祠	清	省级	丽水庆元县竹口镇

金衢盆地

　　金华、衢州两地，位于浙江的中西部，地处由龙门山、千里岗、会稽山、大盘山、仙霞岭所围成的丘陵盆地之间，称之为"金衢盆地"。钱塘江南源上游的马家溪、常山港、衢江、婺江（金华江）、东阳江皆在其内。盆地光热资源充足，夏季炎热干燥，河谷土地肥沃，是我国南方著名的红色盆地之一，也是浙江粮食、棉花、甘蔗糖、柑橘的重要产地。丰富的物产，畅达的水路，"耕读传家"之风，形成了文化鼎盛、历史悠久的金华府和衢州府。

　　"水通南国三千里，气压江城十四州"，宋代女词人李清照的诗句生动概括了金华重要的位置和雄伟的气势。金华建制久远，古属越地，秦入会稽郡，三国吴宝鼎元年（266）置郡，始名东阳。后，历名金华、婺州。现在金华下辖婺城、金东两区及兰溪、义乌、东阳、永康4市和武义、浦江、磐安3县。

　　金华境内古迹众多，且年代跨度很大。从代表巨石文化的周代东阳土墩墓群、北宋的天宁寺大殿、元代的武义延福寺大殿，到明清时期宗祠建筑、近现代名人故居，历代均有优秀古建遗存，类型丰富、风格多样。以民居建筑为例，既有传统形式的厅堂民居，也有体现了"西风东渐"影响的中西合璧式民居。金华民居受徽派建筑影响，相互融合，形制特别，雕刻精美。建筑民居多结构简单，装饰朴实无华，在素雅整洁的风格中浸润着低调内敛的文化气质。

　　衢州位于钱塘江上游，金衢盆地的西端。北邻安徽黄山，南接福建南平，西连江西上饶，因其"川路所会、四省通衢"而得名。作为浙西门户，衢州历代为兵家必争之地。现存衢州城墙始建于东汉，已经有近两千年的历史。位于江山市的仙霞关始建于宋代，有"东南锁钥""入闽咽喉"之称。作为四省通衢之地，衢州为古代商旅通行要道。商业的繁荣带来了市镇建设和居住建筑的发展。衢州地区至今还有霞山镇、大处村、张村、三门源村等多处历史风貌保存完整的古村镇及古建筑群。在龙游县鸡鸣山民居苑，有众多集中保护的元、明、清民居建筑群，这些民居都是衢州优秀民居建筑的代表。此外，延居于此的各地商帮也带来了不同地域的文化风俗，更让衢州地区的建筑融浙派、徽派、闽派等地域建筑之精华于一体，形成了衢州地区独特的建筑文化。

靖康之变，赵氏偏安东南。孔子后裔随高宗南渡，被赐居衢州，并仿山东曲阜孔庙规制重建孔氏南宗家庙，衢州遂成为南孔圣地，史称"东南阙里"。圣人家族南迁衢州，并建立家庙对衢州文化影响深远。崇文重教风气日渐发达，人才辈出。仅宋代便出了七名状元，明清时期复为科举圣地。廿八都文昌阁、衢州书院、樊家尚书坊等正是此地文风昌盛的历史记忆。此外，衢州各县大族对宗族礼法秩序的重视，使家族祠堂成为衢地至今保存数量最多、质量最好的古建筑类型。其中的优秀代表包括：正大永言堂，三槐堂、绍衣堂、李泽村李氏大宗祠、底角王氏宗祠、吴氏宗祠、关西世家、南坞杨氏宗祠、大陈汪氏宗祠、北二蓝氏宗祠、樊氏大宗祠、樊家尚书坊、莲塘瑞森堂等祠堂古建筑群落。这些祠堂建筑保存良好，梁架用材粗大，是浙西明清古代建筑的精华所在。

乡村古建遗产　图说浙江祠堂

檐影灰墙　金华兰溪下孟塘村　2020.10

下孟塘村上族祠

年代：明、清
级别：国家级
地址：金华市兰溪市永昌街道下孟塘村

唐代诗人戴叔伦以"凉月如眉挂柳湾，越中山色镜中看"来描绘美丽的兰溪。从地图上看，兰溪差不多处于钱塘江的中游，也恰好在兰江、婺江、衢江三江交汇之地。河流交汇的节点往往是繁盛的城镇。"日有千舟竞发，夜对万户明灯。"兰溪自然也就成了钱塘江中游最重要的城镇，它虽为金华下辖的一个县，但因背靠兰江，曾有"小金华府，大兰溪县"之说。

兰溪人丁伯乐兄长盛情推荐国宝级上族祠堂。他带路，陪着笔者和陶蠡、伍逸恒来到兰溪永昌街道下孟塘村。

上族祠是当地徐氏家族的宗祠，又称"孝伦堂"，当地人说，它兴建于明万历年间，民国末年祠堂内曾设学堂，20世纪50年代后一直作为下孟塘村小学校舍。据《孟湖徐氏宗谱》记载，该村供奉的始祖为周代的徐偃王，始迁祖为徐万。北宋时期，徐万由金华折桂里分迁兰溪孟湖乡下孟塘村定居。

上族祠坐北朝南，总体呈"回"字形布局，面积1700平方米。由门厅、正厅、寝堂、厢房及四个偏院组成。正厅独立，其余建筑互相连接，结构保存完整。

门厅面阔五间，带左右耳房，设置八字门墙，为青石须弥座。檐以青砖叠涩出檐，左右各置平身科青砖斗一攒。门厅采用穿斗式梁架结构，双坡屋面，有马头墙封护。正厅是祠堂的中心建筑，是一个大型的独立厅堂，作重大庆典之地及家族议事之用。建筑为单檐歇山顶，屋面曲折平缓，面阔五间，抬梁式结构。为防止水溅霉烂，中厅外圈四周檐柱采用抹角青石方柱，檐下设有撑拱、异形上昂和象鼻昂。房屋结构大梁精致细密，突出明代建筑简洁而浑厚的风格特征。

整座祠堂用料硕大、布局结构严谨，为江南宗祠建筑之典范。外观白壁青瓦、马头墙。内置青石条柱、合抱厅柱，雕梁画栋，气势恢宏。

在考察与拍摄期间，有一对母女到祠堂游玩。孩子的妈妈告诉我们，孩子的爸爸以前就在这个祠堂上学。小孩在庭院内四处跑动游玩，妈妈用手机拍照不停。见此情景，伯乐兄也忍不住抓拍起来。

三　浙江祠堂古建的影像考察研究

上族祠门厅面阔五间，带左右耳房，设八字门墙，双坡屋面，有马头墙封护。金华兰溪下孟塘村　2020.10

上族祠中厅外圈四周檐柱采用抹角青石方柱

金华兰溪下孟塘村 2020.10

上族祠正厅梁架

金华兰溪下孟塘村　2020.10

乡村古建遗产　图说浙江祠堂

格栅木窗　金华兰溪下孟塘村　2020.10

上族祠正厅

金华兰溪下孟塘村　2020.10

金华兰溪长乐村　2021.07

长乐村金氏大宗祠、象贤厅

年代：元、明、清
文物级别：国家级
地址：金华市兰溪市诸葛镇长乐村

长乐村，是位于金华、衢州、杭州三市交界处的一个古村落。村子在兰溪诸葛村西1千米处，属金华，有"江南福地"之称。村子原名"上坑"。长乐村古建专家金茂盛老师说：据传明朝开国皇帝朱元璋攻打婺州（金华）时，大军进入上坑村，恰遇秋雨不断，屡攻不破，便在该村驻扎月余。朱元璋见村民纯朴厚道、勤劳耕读、安居乐业、其乐融融，说："此乃常乐之村也。"于是"常乐"代替"上坑"，后演变为"长乐"，此村名延续至今。

长乐，该村始建于南宋嘉定元年（1208），兰溪叶店垅的叶柏林迁到此地，叶家生息繁衍，成为望族。到宋元之际，叶氏家族人丁不兴，后继乏人。后来，兰溪桐山金氏的金恭过继于叶氏，落户长乐。从此，金、叶两姓家族，共处长乐。明天顺年间（1457—1464）至清初，金氏家族瓜瓞绵绵、仕宦不绝，而叶氏家族渐趋衰落。长乐村也逐渐形成了以金氏为主的血缘村落。

长乐村，这个有着近千年历史的古村落，现存110座保存完好的元明清民居建筑群，是全国第一个整村保护的国家级重点文物单位。兰溪李冰父子及长乐村的金茂盛带着笔者穿梭于长乐的古建筑群中，仿佛领略一幅宏大的宋元明清及民国各个时期政治、经济、文化发展演变的历史画卷。

金氏大宗祠是长乐金氏家族尊崇祖先、教化子孙、集会活动、商议大事的场所，为等级较高的建筑。祠堂位置在村口东，前有广场，西邻村宅，东接田园。它的建造从明万历三十三年（1605）至清康熙二十六年（1687），前后历经82年才告竣。迄今已有400年历史的金氏大宗祠整体布局呈回字形，由门厅、中厅、后厅及东西厢房组成。祠堂，总面阔40.15米，总进深39.14米，总建筑面积约1570平方米。

祠堂门厅面阔五间，正中设门，两侧有雕刻精细的青石抱鼓一对，显示着宅门"非富即贵"与家族地位的显赫。正厅面阔三间，为重檐歇山顶，四周回廊，肃穆壮观。门顶上有"百世瞻依"，前檐用斗拱，半拱四攒，翼角高翘。建筑用材硕大，五架梁带前后双步梁，两端以龙须纹雕刻，十分美观，四周廊柱为青石棱角方正。室内四根金柱，柱粗硕，一人难合抱，分别选用柏木、梓木、桐木、椿木，意味着"百子同春"。中堂悬挂着先祖宋代著名理学家金福祥的画像，供后裔子孙祭拜瞻仰。

金氏大宗祠建筑风格沉稳，肥梁胖柱、石阶、铺地、门户无一不是巨制。粗大的月梁、雀替、挂落、垂莲柱上布满了雕工精细的图案。内容为"八仙过海""桃园结义"等人物故事以及麒麟仙鹤等瑞兽，雕工细腻，美轮美奂，每一处都是艺术品。这些用料和造型都十分讲究的梁柱，隐喻了时人的美好期望，希望子孙成为栋梁，也希望家族人丁兴旺。祠堂中庭两侧各有庑屋6间，后进有寝室5间，崇德祠3间，显扬祠3间，整个建筑共有祠屋40余间，布局井然，气势恢宏，在浙江中部一带颇为罕见。

象贤厅，"象贤"两字寓意着希望金家子孙能像祖宗之贤。象贤厅前后分四进。第一进，门厅正中做牌楼式门楼，檐下有密密的七踩斗拱，层层出挑，极富有节奏感，屋顶做歇山顶，翼角飞翘。第二进，建筑内设有戏台。

长乐村有众多保存完好的古建筑群。天色渐晚，笔者只能想象着哪一天能够重返村中，再次与李冰父子穿越历史的隧道，听古建筑专家金茂盛老师讲述丰富的故事，领略多彩的乡村古建文化。

象贤厅门楼檐下有密密的七踩斗拱，
屋顶做歇山顶，翼角飞翘。　金华兰溪长乐村　2021.07

金氏大宗祠正厅，前檐用斗拱，翼角高翘。
金华兰溪长乐村　2021.07

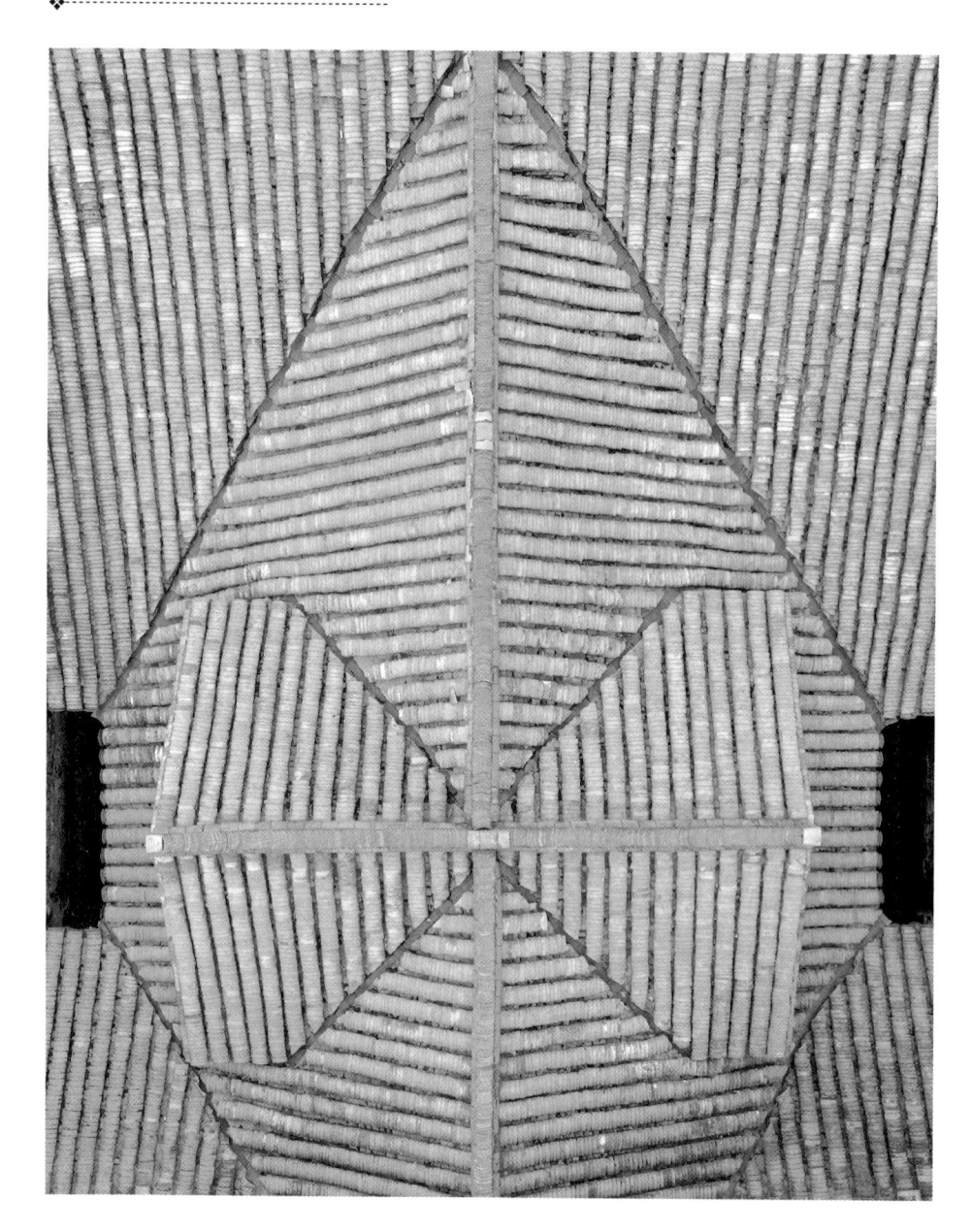

乡村古建遗产　图说浙江祠堂

象贤厅屋顶　金华兰溪长乐村　2021.07

孝思堂平面图，呈回字形。 金华兰溪黄店镇芝堰村 2021.07

芝堰村孝思堂

年代：明
文物级别：国家级
地址：金华市兰溪市黄店镇芝堰村

紧跟着丁兄（伯乐）的坐驾，在金华盆地的乡间公路上不知拐了多少个弯，笔者一行人终于到了兰溪和建德交界的芝山南麓芝堰村。早年，芝堰村是兰溪、寿昌、严州诸县的交通要道，商人、过往人员频繁，并多在此歇足住宿，商贸繁盛，为古驿站。

芝堰建村于南宋高宗绍兴年间。侨居湖州安吉的陈氏家族陈滴移居芝堰。从此，陈氏家族在芝堰世代繁衍，形成大族。历代芝堰百姓辛勤劳作，凭借天时、地利、人和之优势，在村内兴建了大量的厅、堂、民宅。明代中期由义七五公、七六公集资修筑村中主要道路，村落格局基本形成。

芝堰村水渠环绕，布局以贯穿南北的古街为中轴线，在东西140米、南北200米的范围内分布明、清建筑28座，临街店铺4家，过街楼5座，民居客栈数十幢，巷口通道16处。古街两端都有古樟树，两侧分布有厅堂9座，称为"九堂一街"。街道断面为一渠一路，两侧铺卵石，中间铺的石板，是明代中期义七五公捐资铺设。芝堰街巷分布合理，建筑排列有序、互相连通。建筑群开合有度，马头墙高低错落，景观优美，至今保存完整，构成了一个变化丰富而又统一的古村落整体。

始建于明洪武三年（1370）的孝思堂为陈氏宗祠。建筑坐东朝西，呈回字形，三进。中轴线上依次为门厅、正厅、后厅，两侧建有厢房，面积

1285.50平方米。

第一进由门厅及侧屋组成。门厅面阔三间，歇山顶。明间中缝梁架为三柱六檩，即五架梁带前单步廊，梁架不露明，设平棋，月梁造，两端饰半月状龙须纹，梁上设方形随梁枋。次间边缝梁架为穿斗式，用四柱，梁架不露明，用平棋。前进侧屋为三间两搭厢，明、次间梁架为三柱五檩。

第二进中厅为三间带四周围廊。明间为五架梁带前后双步廊，月梁造，两端饰龙须纹，下有扇形雀替，上浮雕花卉、禽兽图案。明间前后回廊均为单步梁，月梁造。各柱柱顶设一条斗拱。明间的前额枋悬有道光年间横匾，书"岁进士"，上款为"钦命礼部侍郎提督浙江全省学政陈"，下款为"道光壬辰呈送礼部转吏部贡生陈诗立"。次间梁架为五架梁带前后双步梁置莲花童柱。三架梁上置脊瓜柱。前后回廊与明间相同，檐口用斜撑式牛腿。

第三进寝室五间，梁架除前廊单步梁、月梁造外，其余皆为穿斗式。前檐柱上部置斜撑式牛腿，各柱柱顶均设瓜形坐斗。寝室内放置着草龙道具。侧屋为三间两厢，二楼梁架为穿斗式。天井设晾台。碛形柱础，三合土地面，硬山顶。

芝堰村集元、明、清、民国等时期的各种建筑于一村，被誉为"四朝建筑瑰宝村"。不同时期的建筑排列有序，纵横分明，结构别具特色，保存也较为完整，为江南民居古代规划的典范，也为研究明清以来江南古建筑的结构和风格，提供了珍贵的实物资料。

孝思堂中厅　金华兰溪黄店镇芝堰村　2021.07

中厅前额枋悬有道光年间横匾"岁进士"　芝堰村孝思堂　2021.07

孝思堂后寝　金华兰溪黄店镇芝堰村　2021.07

柱顶设斗拱，斜撑式牛腿。 芝堰村孝思堂 2021.07

诸葛八卦村俯视图，按照"九宫八阵图"设计建造 2021.07

诸葛村丞相祠堂

年代：明清
文物级别：国家级
地址：金华市兰溪市诸葛镇诸葛村

浙江兰溪诸葛村是迄今发现的诸葛亮后裔的最大聚居地。北宋天禧二年（1018），由浙江寿昌迁至兰溪西乡砚山下定居。元代，诸葛亮后裔27世孙迁居高隆（今诸葛村）。诸葛村按照"九宫八阵图"设计建造。为不占农田、水塘，也为保有风水，村子房屋多数建造在山坡上。村落布局奇巧，高低错落、结构精致，空中轮廓优美，是国内罕见的古文化村落，保存有许多不同年代的历史建筑。

丞相祠堂，坐西朝东，面积1400平方米，平面按回字型布局。有屋52间，由门庭中庭、庑廊、钟楼、钟鼓楼和享堂组成。古朴深厚，气势非凡。祠堂雕梁画栋，门窗栏杆等部件均雕刻精细，美不胜收。门屋五开间，屋前有加杆石一对。中厅是祠堂最精彩的部分，面阔五间，进深三间的歇山顶敞，空间高大，檐柱和山柱为石质方柱。中间四根合抱圆柱，选用上好的松、柏、桐、椿四种木料制成，取"松柏同春"之意，祈求家族世代兴旺。梁架宏壮华丽，柱头牛腿雕刻精美，尺度与周围建筑形成强烈对比，显得庄重高贵。中庭两边庑廊各七间，塑诸葛后裔杰出人士，激励诸葛子孙奋发向上。庑廊拾级而上，两旁分列钟鼓二楼。祠堂最后为面阔五开间的享堂，内有诸葛亮像，高2米有余，两侧分侍诸葛瞻、诸葛尚、关兴、张苞塑像，气韵生动，呼之欲出。

大公堂位于村中心钟池北侧，坐北朝南，始建于明代，为江南地区仅存的诸葛亮纪念堂。大公堂前后五进，建筑面积700平方米，里间开阔，可供千人举行活动。大公堂,建筑用材讲究,古朴典雅,气势恢宏,保存完好。正门完全是外向型,明间的前半部升起,在骑门坊上加两根短柱,形成三间牌楼式,中央飞阁重檐、四个翼角高高翘起,几乎与屋脊平齐,檐下均用斗拱。门楼歇山顶屋顶高约10米,上悬一块横匾"敕旌尚义之门"。顶层有明英宗于正统四年(1439)所赐盘龙圣旨立匾,表彰诸葛彦祥赈灾捐谷千余石的义举。左右两个较低的屋顶也同样飘散飞扬。木构件漆作暗红色。门旁分书斗大的"忠""武"两字。明间金柱腹部圆周长2米以上,为典型的"肥梁胖柱"。细部雕刻十分精美,各种质料、雕刻技法一应俱全。堂内壁上绘有三顾茅庐、舌战群儒、草船借箭、白帝托孤等有关诸葛亮的故事壁画。堂外围墙,现存六株龙柏,象征诸葛亮后人兴旺。

钟池是诸葛八卦村的核心所在,也是八阵图的基点。钟池占地不大,半边有水,半边为陆地,形如九宫八卦图中的太极。陆地靠北和钟池靠南各有一口水井,正是太极中的鱼眼。八条小巷以钟池为中心向四面八方延伸,直通村外八座高高的土岗,其平面酷似八卦图。

诸葛村内还保存着许多明清古建筑,鳞次栉比,错落有致,仿佛颗颗璀璨的珍珠,散落于村中的每个角落。

丞相祠堂　兰溪诸葛村　2021.07

大公堂　兰溪诸葛村　2021.07

钟池是诸葛村的核心，半边有水，半边为陆地。

钟池靠南有一口水井，正是太极中的鱼眼。

兰溪诸葛村　2021.07

乡村古建遗产　图说浙江祠堂

金华兰溪诸葛村　2021.07

三　浙江祠堂古建的影像考察研究

四柱五楼、牌坊式砖雕门楼　象瑚里村占鳌公祠　2021.04

象瑚里村占鳌公祠

年代：清

文物级别：省级

地址：金华市永康市方岩镇象瑚里村

象瑚里，1336年建村，至今有700多年历史。现存清代古建筑群：一祠（占鳌公祠）、三堂（仁寿堂、慈孝堂、燕贻堂）。

占鳌公祠是为李氏占鳌公（吕氏太婆之夫）建造的宗祠建筑。吕氏太婆从太平村一带嫁到象瑚里，她乐善好施、知足常乐，被村民尊称为"乐常太婆"。史料记载，清道光十五年（1835），吕氏太婆命次子载章修建占鳌公祠，至道光二十六年（1846）祠堂全面落成。

公祠坐北朝南，前后三进。门厅、正厅各三间，寝堂五间，设厢房左右各十间，总面积945.6平方米，砖木结构，装饰华美。

公祠入口为四柱五楼牌坊式砖雕门楼和五花马头墙。"占鳌公祠"砖雕在门额上，为清代名臣李品芳所题。门楼砖雕精美，浮雕上有"双狮戏球""鲤鱼龙门""福禄寿喜""琴棋书画"等吉祥图案。

正厅堂号为"听彝堂"，匾额、祭台均为原物，石柱、木梁结构。明间五架梁对前后单步，次间穿斗式。前檐饰木雕雌雄狮子各一，八边形落地罩。

寝堂地势高出正厅五步台阶，分三路入内。其中正三间设五抹隔扇门各六，用镂雕、浮雕技法刻出博古花卉、亭台楼阁，非常精美。

祠堂每进之间有天井相隔，两侧建有厢房、过厅。各个厅石柱、横梁上的木雕保存完好，仙鹤、锦鲤、金狮等图案清晰可见。前天井厢楼与门厅用井口纹、回字纹隔扇门窗，万字纹护栏和花牙子式落挂，牛腿、雀替都是栩栩如生的人物、动物的造型。

在众多的动物雕刻中没有龙的图案。相传在修建公祠前，乐常太婆请先生看风水，为保子孙后代吉祥平安，祠堂内不能雕龙。因此，祠堂里见不到龙的图案，而是刻了很多寓意吉祥的狮子，醒狮、睡狮、跃狮、飞狮……

门楼上有"双狮戏球""鲤鱼龙门"等砖浮雕吉祥图案,"占鳌公祠"为清代名臣李品芳所题。 2021.04

三　浙江祠堂古建的影像考察研究

狮子绣球牛腿　2021.04 　　　　　胸怀幼狮牛腿　2021.04

雕有亭台木草的隔扇中绦　2021.04

云纹、蝙蝠、花瓶窗格　2021.04

云纹、麒麟窗格　2021.04

三　浙江祠堂古建的影像考察研究

窗扇　象瑚里村占鳌公祠　2021.04

花瓶、卷叶隔扇格心　象瑚里村占鳌公祠　2021.04

衢州开化霞田村青云岭　2020.07

霞山汪氏宗祠

年代：清、民国
文物级别：省级
地址：衢州市开化县霞山乡霞田村

霞山位于浙西北皖浙赣交界处，钱塘江的源头。自古以来就是浙西通往古徽州的咽喉，境内有 5 千米长的唐宋古驿道。南宋建都临安，霞山成为木材集散地和远近闻名的大埠头，有诗云"十里长街灯光通明，百停木筏不见水道"。霞山唐宋古驿道旁，至今仍保存有一些古村落和民居建筑。

霞山在宋代属于古徽州，建筑多为徽派建筑。粉墙灰瓦，马头翘角，错落有致。门楼、门坊均有砖雕并辅以壁画，牛腿雀替，花格窗棂皆满雕刻、玲珑剔透。霞山村和霞田村紧紧相连，浑然一体。古民居以郑、汪两大姓氏为主。

南宋绍兴年间，唐越国公汪华的一支后裔迁至开化霞田。元代庚辰年（1280）六一公辟地建汪氏宗祠。富者出资，贫者出力，男丁投劳，女子送饭，经 3 年建成。又在祠堂外植槐，故名"槐里堂"。民国六年（1917）重修时，国民党元老于佑仁题"汪氏宗祠"及"槐里堂"匾额。

汪氏宗祠，坐北朝南，前后三进，面阔五间，设门厅（带戏台）、大厅、后堂，双天井，总面积 842 平方米。门口有一对直径 80 厘米的桅杆礅，是清代乡贤汪云鹤所立。宗祠外观五开间，西边有照壁，祠前有一片开阔广场，主要作庆典活动时用。门面为平檐廊道穿斗结构。

一进门厅，梁架为七檩，五架梁前双步用四柱。门厅接戏台，台前四柱，牌楼式重檐歇山顶，抬梁结构。牌楼中心刻有蓝底黑浮雕"清溪鼎旺"，醒目庄重。戏台牌楼用材考究，斗拱繁复，雕刻精美，宏伟挺拔，较完美地体现了徽派建筑与浙西吴越文化的有机结合。天井两侧为过廊。二进大厅，梁架为八檩，五架梁前双步后单步用四柱。前面临天井的两根立柱上有一对硕大的狮子牛腿，雄健无比，八大金刚形态各异，许多雕件刻有古代戏剧场景、人物，额枋上"越国流芳"，字迹秀峻。三进后堂及两侧过廊，均为二层单檐。整组建筑保存完整，为浙西地区规模较大的祠堂。

乡村古建遗产　图说浙江祠堂

戏台为抬梁结构，雕刻精美，宏伟挺拔，是徽派建筑与浙西吴越文化的有机结合。开化霞田村汪氏宗祠　2020.07

三 浙江祠堂古建的影像考察研究

汪氏宗祠立柱上狮子牛腿　衢州开化霞田村　2020.07

戏台　常山招贤镇五里乡樊村樊氏大宗祠　2020.07

樊氏大宗祠

年代：清
文物级别：省级
地址：衢州市常山县招贤镇五里乡樊村

樊氏大宗祠始建于清乾隆年间，距今已有270多年历史。宗祠坐南朝北，三进五开间，面阔五开间。其外墙为开线砖浆砌筑，总占地面积约620平方米。

第一进门厅，明间门楣嵌"大宗祠"匾额，梢间辟拱券小边门，后檐接戏台，台高1.9米，宽6.56米，顶部作八角藻井，由前台、走道、化妆室、观戏楼组成。第二进通面宽15.55米，通进深11.50米，硬山顶，五架梁带前后双步卷棚顶廊子，主体梁柱用材粗大。中、后两进间有祭亭相连，祭亭重檐歇山顶，后进重檐楼屋，鼓形柱础。檐口置沟头滴水。

祠堂外墙体为开线砖浆砌筑，内部结构有大小柱子百余根。梁枋、牛腿、雀替、斗拱、飞檐等构件均以砖雕木刻进行装饰，主题有龙凤狮鹿、亭台楼阁、人物花卉等，图案线条流畅，雕工精细美观。特别是祠内各砖木结构上所雕饰的110个戏曲人物，造型各异，神态逼真。

祠堂第一进戏台为中心布局，是衢州地区宗祠建筑典型的布局方式。最引人注目的是戏台八卦井和一对木雕的狮子戏球。但左侧一只雌狮造型的木雕，于2004年被人偷盗，至今尚未破案，也未能补上。中后进的人物雕刻栩栩如生，呼之欲出。

作为乡村公共空间的樊氏祠堂，在保留和利用祠堂功能的同时，还成为文化娱乐的礼堂。进入祠堂内部，戏台下的大厅内有几桌打牌人，也有几个老人在聊天，那天雨下得很大。

祠堂戏台　樊氏大宗祠　2020.07

三　浙江祠堂古建的影像考察研究

樊氏大宗祠　2020.07

宗祠中堂　樊氏大宗祠 2020.07

文昌阁正殿　衢州江山廿八都　2014.01

江山廿八都文昌阁

年代：清
文物级别：省级
地址：衢州市江山市廿八都镇浔里村北

廿八都是浙江最西南的一个镇。它的西边是江西的广丰县，南边是福建的蒲城县，为浙、闽、赣三省交界，有"浙西南大门""浙闽咽喉"的称号。

唐末，此地为京都通往福建沿海的唯一陆上通道，有驻军，且商贾云集，百业兴旺。北宋熙宁四年（1071），江山设都44，此地排行28，得名廿八都。它深藏群山，战乱较少，古镇建筑风貌依旧，迄今近千年，保存较为完好。其中当数文昌阁的规模、建造质量和保存完整度最为突出。

廿八都文昌阁在浔里村的北端，建成于清宣统三年（1911），坐北朝南，占地1570平方米。沿中轴线依次为照壁、大门前殿、天井、正殿、天井、寝殿，共三进两天井，左右为厢房，以檐廊相连。

正殿为两层重檐歇山顶楼阁，四面飞檐出挑，高大雄伟。建筑内以精湛的木雕艺术和丰富的彩绘最具特色，所有梁、枋、檩、天花上均有彩画，题材丰富，画工细腻。牛腿、雀替、窗扇、栏板等木构件均有浮雕或镂空，技艺精湛、形象生动，是一座融绘画、雕刻、造型于一体的艺术宝库，具有较高的历史、科学、艺术价值。

唐朝末年，黄巢起义军曾在此地有过激战，最后败落，残部滞留此地。因起义军来自不同地方，廿八都的姓氏就很多，再加上古驿道、商道的影响，造就了廿八都多元文化习俗和"百姓镇"的格局。在以家族制为主的古代村落中，姓氏的繁杂常常导致家族之间的纠纷。而找任何一姓氏所建立的祠堂出来调停都显得有失公允。

为激励后人读书上进，平复各姓氏宗族之间的矛盾纠纷，文昌阁的兴建成为最佳契合点。文昌即文昌星，古时认为是主持文运功名的星宿。于是乎廿八都的文昌阁成为各个家族的总祠。因此，文昌阁不仅是祭祀文昌帝君的地方，还是一个具有社会公共管理职能的机构，同时也是一处乡村教育的场所。

三 浙江祠堂古建的影像考察研究

文昌阁　衢州江山廿八都　2014.01

文昌阁也是地方学子读书会文的场所，起书院或义塾作用。

衢州江山廿八都　2014.01

文昌阁正殿　衢州江山廿八都　2014.01

牛腿　雀替　衢州江山廿八都文昌阁　2014.01

杨氏宗祠牌楼门　衢州江山凤林镇南坞村　2014.01

南坞杨氏宗祠

年代：明、清
文物级别：国家级
地址：衢州市江山市凤林镇南坞村

南坞杨氏宗祠分里、外祠。据《民国县志》中载："南峰杨氏，元建内祠，明嘉靖年间创建外祠，修宗谱十三次，族规家规代代相传。"

杨氏内祠，始建于元代，明代重建。坐北朝南，为两进庭院。正门为牌楼门形式，门楼三层叠涩出挑，左右为青砖马头墙，歇山顶小青瓦屋面。门柱里、外两面装饰青砖雕刻图案，外面以花草图案为主，里面以人物故事为主。门楼前置有八座石质旗杆礅，供族人考取功名时庆典之用。门前有一"八角井"，井台为青条石及石板砌筑，护栏为八根立柱与八块栏板组合而成，上刻历代掘井、修井时间。

杨氏外祠位于村落入口处，建于明嘉靖九年（1530），坐西朝东，占地2000平方米，规模宏大，为三进两大天井和两小天井。明万历年间遭受闽变被毁，清乾隆年间复建。大门立面为四柱三层重檐形式，檐口出挑上翘，檐角设斗拱一攒。其梁、枋雕鹤、鹿，牛腿雕人物、雀替雕花草，主题丰富、雕工精细、气势雄伟，为一绝。正门匾额"大宗祠""进士"，左右额题"江阳望族""理学名宗"。门厅背面向天井凸出歇山顶戏台，台面由大小16根立柱支撑，八角藻井由28攒斗拱簇拥，绘八仙过海。中厅三开间，明间前后檐均出歇山抱厦。寝堂也为五开间，由5级石阶而上。天井沿设回廊。两侧厢房各三间。中厅两侧各有两组小院为三间两搭布局，装修较简朴。

乡村古建遗产　图说浙江祠堂

　　南坞杨氏宗祠保存完整、建筑构造精美，为浙江宗祠建筑的典型实例。杨氏宗祠为"理学名宗"，治家颇为严谨，其宗族训规与宗祠建筑共同维持着传统的宗族文化。

杨氏宗祠外祠门楼　衢州江山凤林镇南坞村　2014.01

三 浙江祠堂古建的影像考察研究

杨氏宗祠外祠戏台　衢州江山凤林镇南坞村　2014.01

南坞杨氏宗祠木雕　衢州江山凤林镇南坞村　2014.01

南坞杨氏宗祠门楼砖雕　衢州江山凤林镇南坞村　2014.01

清漾毛氏以西河郡作为自己的郡望载入族谱，清漾毛氏祖祠。

衢州江山石门镇清漾村　2017.08

清漾毛氏祖祠

年代：清
文物级别：国家级
地址：衢州市江山市石门镇清漾村

  中华毛姓从周朝开始，为周文王、周武王之后（成语典故"毛遂自荐"的主人公为第22代），在河南原阳、山东滕州都有毛氏后人。因居住于长江以北，称为"北毛"。后因战乱南渡，迁居江南，称为"南毛"。毛宝，是毛氏家族的第52代，为"南毛"之始祖，毛宝的儿子因战功受封居信安（即今衢州一带），从此繁衍生息，称为"三衢毛氏"。

  毛宝的第8代后裔毛元琼，始迁江山石门镇清漾村，"清漾毛氏"自此为始，至今已有1400多年的历史。毛氏家族耕读传家，人文荟萃，出了8个尚书、83个进士和不少知名人物。宋代有户部尚书毛居正；北宋有著名词人毛滂；明代任礼、吏、刑三部尚书的毛恺。近代国学大师毛子水也是清漾毛氏后裔。积淀了"历史悠久、人才辈出、耕读传家、贵而不富"的历史文化底蕴，毛氏祖祠根据清代的建筑特色和风貌在原址上复建而成。从外部看，青砖黛瓦马头墙，是典型的徽派建筑，在细节上又融合了浙、闽、赣式风格，总占地面积2043平方米，由前堂、中堂和后堂组成。

  祖祠门楼为重檐歇山式屋顶，斗拱挑檐，融汇了木雕、砖雕等中国传统工艺。中堂也有一个重檐翘角的廊架，两旁的马头墙黛瓦翘檐级级抬高，衬托着中堂更显肃穆高贵和威严。清漾毛氏以西河郡作为自己的郡望载入族谱，西河是指西汉时期已经形成的毛姓堂号，望族就是有声望的姓氏大族。所以中堂横梁上有仿古贴金匾额"西河望族"。中堂外柱上的柱联是：

"信安食采承恩旧，清漾肇基衍派藩。"内柱上相对面的楹联是："分土谊隆周伯仲，拥旄续奏晋公侯。"

重檐歇山式门楼　清漾毛氏祖祠

衢州江山石门镇清漾村　2017.08

三　浙江祠堂古建的影像考察研究

融合了徽、浙、闽、赣风格的青砖黛瓦马头墙　清漾毛氏祖祠

衢州江山石门镇清漾村　2017.08

关西世家五凤楼　衢州龙游志棠乡杨家村　2020.10

关西世家

年代：明
文物级别：国家级
地址：横山镇天池村杨家自然村

龙游志棠一带保存至今的明代建筑甚多，这与明中叶鼎盛的龙游商帮有密切的关系。这些建筑外观多为粉墙黛瓦的徽派风格，内部梁架粗大，制作精良，处处透出江南大族的气度。

关西世家是龙游典型的明代厅堂建筑群。明万历元年（1573）由杨氏族人杨观五主持建造公共大厅。杨氏先祖东汉大臣杨震被誉为"关西孔子"，故其家族大厅名为"关西世家"。北宋年间，始迁祖杨宗明曾任睦州刺史，由寿昌迁入龙游杨家村，相传为杨家将杨宗保的堂弟。时至今日，当地百姓仍然有祭拜杨继业的习俗。

关西世家坐北朝南，前后两进，设活动戏台，该戏台与龙游志棠另外几个明代戏台一起被列入《中国戏曲志》的"演出场所"条目。两进均为三开间，通面阔12米，通进深24米，面积282平方米。一进门厅，前设门楼，重檐歇山顶，制作工艺精湛，气势威严壮观，悬"关西世家"匾额一方。

山墙梁架，采用砖制，为龙游县明代建筑一大特色。后厅所有木质柱均呈梭形，三面墙（南北二墙、后檐墙）上的柱、梁架及斗拱、枋，均为陶质，古朴大方。此外，关西世家还保留了民国三年（1914）的"杨令公銮驾"五十七件和《迥溪杨氏宗谱》五卷等文物。

宗祠前边一户住着一位八十多岁的老太太。她耳朵不好，但善意的微笑挂在脸上。她干净的服饰和慈祥的面孔，给笔者留下深刻的印象。

关西世家南侧，有半月形水塘一口。不仅供村民洗涤之用，且为调节温、湿度和消防之用。塘沿樟木一株，树龄四百余年，古老雄健，粗枝繁叶，这是"关西世家"的历史见证。

三　浙江祠堂古建的影像考察研究

衢州龙游杨家村　2020.10

衢州龙游杨家村　2020.10

乡村古建遗产　图说浙江祠堂

衢州龙游杨家村　2020.10

三　浙江祠堂古建的影像考察研究

衢州龙游杨家村　2020.10

三槐堂　衢州龙游横山镇天池村儒大门村　2020.10

儒大门村三槐堂

年代：明、清
文物级别：国家级
地址：衢州市龙游县横山镇天池村儒大门村

北宋时期，兵部侍郎王祐在院内种下三棵槐树。后来，王祐的儿子王旦做了宰相，人称"三槐王氏"。再后来，王旦之孙王巩邀请大文学家苏轼写了一篇《三槐堂铭》（此文被编入《古文观止》），"三槐堂"遂成为王氏常用堂号。南宋端平元年（1234），王氏家族自山西太原迁至浙江龙游。明代时家族兴旺发达，分为上厅（新宅村三槐堂）、中厅（下店村三槐堂）、下厅（儒大门村三槐堂），其中数儒大门村三槐堂规模最大。

儒大门村三槐堂位于村落中心位置，建于明万历三十二年（1604），坐北朝南，总体布局前后五进，设戏台、厢房，平面呈"丁字形"。门厅前有一水池，门前有旗杆石，抱金鼓为一青一白，教育后人做事要清清白白。

门厅正中三间单独出马头墙，梢间屋脊稍低类似耳房，门额上有"岁进士"匾额。第二进室内明间抬梁式五架梁对前双步后轩篷，次间抬梁穿斗混合式，明间设半活动式戏台。第三进为正厅，明间前廊屋檐高于次间，其屋顶与主屋顶构成勾连搭式样，明间梁架为抬梁式五架梁对前后双步，次间抬梁穿斗混合式，后檐额枋悬"三槐堂"匾额，屏门上有祖宗画像。厅柱直径可达 0.6 米，梁枋直径更大，均在 0.75 米以上，据说是龙游现存用料最大的古建筑之一。第五进为楼层，面阔五间，东西都有两层的厢房。此进的天井用方正条石垒砌。

2016年的冬季笔者曾去过三槐堂一次。不过，那次拍摄的数码文件全部丢了。留下深刻记忆的是，当天有人家在里边办完丧事后吃饭，满桌菜肉，特别丰盛。他们邀请笔者和陈老师、笔者的女儿一起吃饭。我们刚开始不好意思，但盛情难却。的确，那天很冷，人也饿。我们匆匆地吃了一些，并致以谢意。

　　今天的雨下得不大，祠堂门口有衣服晾晒，也有小朋友玩耍。古祠堂显得很有生活气息和生机。记得那次在祠堂的楼上有草龙，今天上去看了，依然存在，熟悉而亲切。心中总是把这条长龙与龙游的地名联结在一起。

三　浙江祠堂古建的影像考察研究

三槐堂礼门　2020.10

三槐堂外立侧面　2020.10

柱础　儒大门村三槐堂　2020.10

简洁斜撑　儒大门村三槐堂　2020.10

隔　儒大门村三槐堂后寝阁楼　2020.10

草龙　儒大门村三槐堂后寝二楼　2020.10

杭嘉湖平原

杭嘉湖平原，浙江北部平原水乡（包括杭州、嘉兴、湖州）。这里河网密布，良田万顷，人口密集。杭嘉湖平原北濒太湖，南濒杭州湾和钱塘江，西至天目山，东临苏松平原。从整体上看，它是一个四周略高、中部偏低的凹形洼地。

南宋以前，杭嘉湖地区都是大面积的湖沼湿地，生长着各种水生植物。苏轼用"绕郭荷花一千顷，谁知六月下塘春"来描述杭州的景观。颜真卿也用"际海兼葭色，终朝凫雁声"描述嘉兴的水乡环境。而湖州更为典型，因自身地势低洼，又汇集了东西苕溪两条溪流，城外一片泽国景象。"环城三十里，处处皆佳绝。蒲莲浩如海，时见舟一叶。"

宋室南渡后，杭嘉湖成为京畿重地，江南地区得到了前所未有的重视与开发，而农田水利开发对平原来说，最为重要。最首要的是对水道的治理。至明清，杭嘉湖平原经历了一个沧海桑田的巨大演变过程。17世纪，杭嘉湖地区的低洼平原逐步形成了以桑、稻、渔为主的农业形态。此外，人们将秋天的桑叶收贮，在冬天饲养胡羊，羊粪同时也是桑地的上好肥料。这便是桑基鱼塘、桑基稻田的模式，也是传统中国最早、最经典的生态农业模式。杭嘉湖平原以此成为富裕之地，一直至今。浙人最伟大之处，便是擅长将荒僻的自然环境，改造为鱼米之乡，宜人居且美轮美奂之地。西湖便是其中典范。

杭州位于钱塘江入海的杭州湾，是京杭大运河南端的起点。唐代大诗人白居易在《余杭形胜》中描绘了杭州山水之城的格局和独特风韵："余杭形胜四方无，州傍青山县枕湖。绕郭荷花三十里，拂城松树一千株。"先秦时，杭州属于"禹贡九州"中的"扬州"。相传夏禹南巡在此舍舟登陆，故名"禹杭",后为"余杭"。秦设县,称钱塘,属会稽郡。隋代,京杭大运河的开通,成就了经济的流通,置杭州。在凤凰山麓建州城,形成了杭州城最初的格局和规模。唐代白居易任杭州刺史,主持修筑西湖,使之逐渐成为游览胜地。唐末五代,吴越国定都杭州,修筑罗城和捍海石塘以治钱塘水患,杭州成为东南最大的繁华都市。靖康之后,宋室南渡,杭州成为南宋行都,称"临安"。天子城阙在吴越王城的基础上扩建而成,杭州由此成为"川泽沃衍,有海陆之饶,珍异所聚,故商贾并辏"的大郡。明代的杭州府为浙江省的省治。杭州历代先贤官吏必躬身亲为:修堤清淤,引水扩湖,心系百姓,整治家园,不断更新着"烟柳画桥,风帘翠幕,参差十万人家"的秀丽画卷。

嘉兴地处浙江东北端,钱塘江入东海之要会。嘉兴河网纵横,既有平原水乡的韵致,更兼山海潮涌的壮阔。秦统一六国,在此设由拳、海盐两县。三国时吴帝孙权喜见"野稻自生",改为"禾兴",后改为"嘉兴"。隋代江南运河开凿,嘉兴日益繁盛。唐宋之时已是人烟稠密的江南重镇。明清时嘉兴为"江东一大都会",被誉为"鱼米之乡,丝绸之府"。嘉兴自古奇才秀士辈出,晋代诗人陆机、唐代刘禹锡、清代鸿学朱彝尊都是嘉兴人士。近代的沈增植、王国维、弘一法师,以及新月派诗人徐志摩,都是从嘉兴走出来的博学鸿儒。在悠久的历史背景下,嘉兴古迹遗存人文底蕴深厚、经济发达,庄园建筑群规模宏大,而且近代开放,受西方建筑影响较早。此外还有受海塘文化影响的海神庙、占鳌塔等古建筑。

湖州位于浙江北部,东接江苏苏州,西连安徽宣城,北隔太湖与无锡相望,南邻杭州。湖州因滨太湖而得名。宋代戴表元写有"山从天目成群出,水傍太湖分港流。行遍江南清丽地,人生只合住湖州"的佳句。他行遍江南,独推湖州,足见这座江南古城非同寻常的风韵。今天,湖州保留有类型丰富的古建筑遗产。在宗祠建筑方面,有杭嘉湖地区罕见的保存得比较完整的明代晚期建筑,是研究明末建筑制度及风格的重要实证。

胡氏宗祠　2020.10

胡江村胡氏宗祠

年代：清
文物级别：县级
地址：杭州市淳安县梓桐镇胡江村

  车子历经了多次的上升盘旋、下降盘旋之后，终于进入山坳间的胡江村。民居聚集在山下的河边，街道很窄。下车后，经过弯弯折折的街道，步行进入村中央。胡氏宗祠矗立在眼前，它是山间的一颗古建明珠。

  胡姓源于妫姓，得姓始祖妫满为舜帝嫡裔。西周初年，妫满封陈，谥号胡公，子孙以谥号为姓。梓桐胡氏为安定胡氏，得名于安定郡，是中国古代著名的门阀世族。北魏时，谏议大夫国珍公，宦于睦州，遂携家卜筑于青溪常乐乡（今光昌奎星桥附近）。北宋仁宗嘉祐元年（1056），因祖居遭火灾，珪公由常乐迁梓桐镇胡家村（今杏坡村宋家坞），为梓桐胡氏一世祖。历四世，师回公性好幽静，乃移处枫岭下。八世祖仟九公（璿公，1175年前后在世），嫌其地窄，复思莺迁。极目浏览，得龙川庄地一所；后拥银屏，前山环抱，文笔山耸秀；左有巨溪，右有小涧，潺溪漱玉。展旗之峰，上耸云霄；将军之石，壁立水口。公顾而乐之，遂筑室居焉。是为龙源胡氏一世祖，距今近900年历史。

  龙源胡氏宗祠最初创建于明景泰元年（1450），由淳西杰人叔礼公偕胞兄叔义公主持修建，堂名称"礼义堂"。复建于明万历三十九年（1611），成于万历四十一年（1613），总费用三千白银。建成后，四方观者佥曰："规模之宏大深长，礼制之端严洁净，木石之美，匠工之巧，皆奕奕伟观也。"唯后寝因地势逼仄，上未建楼，下未砌阶，整体建筑有前高后低之嫌，存美中不足。到了清代，祠宇栋梁虫啮，匾额蒙尘，朽烂将倾，时为胡建华之住屋。清雍正二年（1724），邑庠生胡荃倡议重修并任总理。九月十五日凌晨起工，九月十八日凌晨上桁条，十一月二十日辰时完工，腊月刷漆画砖，祠宇焕然一新。

建成后的寝堂形制为前砌数阶，上建楼房，四围栏杆，中无隔板，五级神主上下昭穆有序。清道光甲申年（1824），胡其哲、胡文泽二人挺起会议，选立总管十人，广拓寝宫，叠阶上升。越三十余年，地基沉降，水蚁丛生，有泰山将倾之虑。清咸丰戊午年（1858），以胡锦荣为总董事，重新营建寝堂及升提宗祠。按照祠规，粗工照壮丁课派，老幼妇及读书工商之人俱行膳饭，其余支费照丁均摊。八月二十二日起工后，幸天公作美，连晴三月，又请得江西笔司（笔屋匠，指以纠偏梁架为生的匠人）统堂，将砖瓦朽料全部拆除，四围余地提升三尺。次年完成内外装整。

中华人民共和国成立后，胡氏宗祠先后有七次大中修。1956 年，时任村支书胡高进个人出资维修；1992 年，县文化局拨款 1600 元修缮中堂；2006 年，县文化局拨款 3 万元缮治东厅；2009 年，为保护濒危宗祠，村民自行捐资 5 万元并予翻修；2012 年，实施"东海明珠"工程，投入 45 万元予以全面修葺；2014 年，县移民局安排资金 3 万元整修祠堂围墙；2019 年，县农业农村局安排专项资金 50 万元用于祠堂修缮。

胡氏宗祠，坐北朝南，为一层建筑，其中后寝为二层建筑，木结构梁架，外墙为小青砖，纸筋麻刀灰罩面，占地面积 786.24 平方米。整个宗祠由前厅、中厅、后厅、天井四部分组成，砖雕、石雕、墙绘、牛腿、雀替一应俱全，翘檐飞角，画梁雕栋，在一定程度上代表了淳安地区传统宗祠的建筑特色，为研究当时历史、经济、社会文化等方面提供了历史依据。

三　浙江祠堂古建的影像考察研究

胡氏宗祠正厅　2020.10

胡氏宗祠正厅　2020.10

乡村古建遗产　图说浙江祠堂

胡氏宗祠后寝动物木雕　2020.10

三 浙江祠堂古建的影像考察研究

胡氏宗祠后寝人物木雕 2020.10

钱氏宗祠　嘉兴海盐沈荡镇　2021.02

中钱村钱氏宗祠

年代：清
文物级别：省级
地址：嘉兴市海盐县沈荡镇中钱村

钱氏在浙江是望族。杭州早期称钱塘，盖因钱镠（852—932）在杭州建吴越国。君王钱镠征发民工，修建海塘，疏浚内湖。数十年后，吴越之地蔚为气象。由是之，钱塘富庶盛于江南。

海盐钱氏一支为钱镠的后裔。先居澉浦，明中时澉浦一带常受倭寇侵扰，于是移居沈荡半逻，即现在的沈荡镇中钱村。后因钱纶光入赘嘉兴陈姓，清康熙年间迁到嘉兴莲花桥。自钱陈群（钱镠二十五世孙）始，海盐钱氏后代去世以后，大都归葬在沈荡或南北湖。

钱氏宗祠始建于明代。清康熙四十七年（1708）钱陈群重建，又名永思堂，俗称"钱家祠堂"，为沈荡钱氏家族祠堂。祠堂枕河而建，南临白杨河，坐北朝南，占地2亩多。宗祠两进三院，分前厅、后厅、花厅、院子和花园。门前有马鞍石砣。大院内一对高近2米的花岗石狮，形态威严，雕刻精细。另有光绪二十八年（1902）御赐工部尚书、军机大臣钱应溥祭文石碑一通。祠堂前后共两进，建筑面积达400平方米，雕梁画栋，飞檐翘角，巍峨壮观。这座古建筑自中华人民共和国成立后一直被征作国家粮仓，因此得以保全。

钱家祠堂是清代民居建筑，有典型的江南水乡居民特点。大门临河，便于交通。屋宇高大，用料讲究，装饰精致，这类规模的清代建筑现在本地较为罕见。钱家祠堂建筑布局上又有与众不同之处，一般祠堂建筑在主轴线上有三进，钱家祠堂只有二进；一般祠堂建筑布局较严谨，而钱家祠堂东部院落内原建有假山、水池，比较特殊。

2002年，钱氏宗祠被县政府列入县级文物保护单位，2013年10月进行恢复性维修。2002年10月4日，全国政协副主席80岁的钱正英与丈夫黄辛白等家人，在浙江省副省长章猛进等人陪同下，专程从杭州来到中钱村，参观钱氏宗祠。

当年，钱镠大兴水利，造福乡梓，使吴越在各藩镇战乱之时成为世外桃源。明代嘉靖前后有进士16人，举人40余人。民国时期，还出了不少有所作为的人物，成为当地望族。就大范围而言，当代钱氏后裔有杰出成就者如著名科学家钱学森、钱三强、钱伟长，著名外交家钱其琛等，群星璀璨。

三 浙江祠堂古建的影像考察研究

温台滨海

温州、台州位于浙江省东南部。东南沿海，从北向南有一个个平原在大山之间断续相连，它们与海上数千个大大小小的岛屿相呼应，构成了浙江海洋文明的形象。温台地区在文化地理意义上为"温台滨海区"。

温州地势从西南向东北呈梯形倾斜。境内绵亘着洞宫、括苍、雁荡山脉，三面环山一面海。温州古为瓯地，东晋设永嘉郡。永者，水长也，嘉者，美善也，这方大地终因山水明媚而得名。1600年前的一天，谢灵运从京都建康（南京）跋山涉水来到永嘉，走向山水，写下"将穷山海迹，永绝赏心悟"的诗句。

雁荡山，一亿多年前的几次火山喷发及其后的抬升，造就了它的轮廓，之后的降水及河流，像刻刀一样雕刻出雁荡山的眉眼与身姿。它是火与水交融的作品。谢灵运曾驻足此山，长久地凝望眼前的这幅山水奇景，写下了中国第一批真正的山水诗。

自然造化的楠溪江，犹如世外桃源。乾隆时期《永嘉县志》中记载"楠溪太平险要，扼绝江，绕郡城，东与海会，斗山错立，寇不能入"。历史上有诸多宗族为避战乱来到这里，繁衍生息。"宅尔宅，田尔田，涧溪如故，塘堑依然，庙社常新。松楸无恙，士习民风，数百载如一日也乎。"

三面环山的桃源，孕育了众多古朴恬静的村庄。它们大多是古老的宗族血缘聚落，耕读渔樵，气韵浓厚。"澄碧浓蓝夹路回，崎岖迢递入岩隈；人家隔树参差见，野径当山次第开。"千余年的沧海桑田、斗转星移中，楠溪江依然保持着相对独立和稳定，星罗棋布的古村落延续着世外桃源般的生活。谢灵运时代的山水气韵似乎并未改变。

遍布瓯越大地的各色民居是不同时期、不同地域先辈们生活的缩影。而承载着先民的祈福与念想的祠堂建筑为浙南民居添上了沧桑的色彩。祠堂建筑不仅将民居建筑紧紧围绕，还给予温州百姓克服困难的信念。

台州位于浙江省中部，东临东海，水天辽阔。境内有古幽清奇的天台山、括苍山、大雷山等名山，且因天台山得名。杜甫留有"台州地阔海冥冥，云水长和岛屿青"的诗句。

台州，先秦时为瓯越地，汉代属会稽郡，唐武德五年（622）置台州。台州也是中华下汤文化的发祥地，是三国东吴船队首航台湾的出发地。靠海吃海，早在宋元时期台州就已经走上了海外贸易之路，并形成了以此为业的海商群体，以及相关的产业链和行业。明代的海外贸易达到高潮，只不过后来被朝廷残酷地镇压了，留下了北方八达岭长城的示范和蓝本——绝版"江南长城"。从古至今，浙江台州造船业一直发达。台州拥有着全世界最大的小型船舶制作基地。

山海之灵气，几千年的历史人文，孕育着台州境内的古城和村落。古建筑受地理形势的影响，处于山间、海边、平地的建筑有着不同的建筑风格。而民居宗祠建筑，融合了浙江本土建筑风格及沿海地区的特色，结构轻盈、布局紧凑。它不仅集民间建筑技术、地方文化和民族风情为一体，还具有一些中西结合的元素。有着华丽美观、坚固实用的造型结构，折射出一道文化交流的风景线。

"山的硬气、水的灵气、海的大气、人的和气"，是台州文化千年传承的灵魂与标志。

芙蓉池、芙蓉亭　温州永嘉芙蓉村　2021.10

芙蓉村陈氏宗祠

年代：清
文物级别：国家级
地址：温州市永嘉县大若岩镇芙蓉村

芙蓉村位于永嘉县岩头村南600米处。"前横腰带水，后枕纱帽岩"，说的便是风景秀丽的芙蓉村。芙蓉村没有芙蓉花，这名字的由来，据说是因后山的三个山峰相挨甚紧，犹如莲花三瓣，叫"芙蓉三崖"。

北宋太宗太平兴国年间（976—983），唐末陈姓九世祖陈拱从瑞安长桥到此，见西南三岩摩天，赤白相映，宛若芙蓉，于是迁此定居，逐步形成血缘村落。村借岩名，以"芙蓉"冠之。

南宋末年，元军南下，直入温州。宋进士、秘书省校勘兼国史院编修陈虞之响应文天祥的号召，"率族拒敌，困岩三载"，终因弹尽粮绝，率部跳崖，壮烈殉国。芙蓉村也因此被元军付之一炬，全村现基本沿袭原有格局，仍保持有六百多年前的聚落规划面貌。

芙蓉村按七星八斗布局，意在收纳天上星宿，期望后辈簪缨迭出。所谓"七星八斗"："七星"就是先在村中根据天上的星宿取七个点，然后以这七点为出发点，左右延伸为街巷，使每个点都成为丁字街巷的交会点；"八斗"是根据风水堪舆中的"象"选取八点，然后挖掘成水池（俗称"水塘"）。再通过水渠（沟）将水引向水池，以"斗"储水，以"水"克火，能有效防止火灾，同时也便于村民取水、洗涤之用。村内九条街巷，五纵四横。村内道路交会处有高0.2米、面积2—3平方米的方形平台，称为"星"。水渠交会处有方形水池，称为"斗"。村中最大的水池芙蓉池东西长40余米，南北宽13米，俗称"大斗"。池中央偏东建有芙蓉亭，双层歇山顶方亭，南北两岸皆有石板桥通向亭子。村内引溪水沿道路、民宅布置众多水渠，迂回于宅边道旁，供村民洗涤、防火。又在村口汇聚成河，灌溉农田。这种村落布局让村民有很强的心灵归属和领域感。

从芙蓉村正门进入，右手有一宅院，院门右侧有座石雕大将军像，手持一把大刀，此为芙蓉古村陈氏宗祠。祠堂坐西朝东，前面有个大院子，有池塘，叫"相承池"；有照壁，壁上雕有"八仙乘槎图"。南北各一门，南为光宗门，北为耀祖门。

祠堂主体建筑七开间，两进庭院，正厅左右为廊间，格局严谨，形制完整，是芙蓉古村建筑之精华。厅堂采用带檐抬梁式木构架，内部悬挂各种匾额。宗祠的正厅上方高悬着许多功名牌匾，享堂的柱上写有许多楹联。其中有一对柱上写着："地枕三崖，崖吐名花明昭万古；门临四水，水生秀气荣荫千秋。"

永嘉是中国南戏的发祥地，永嘉南戏是中国戏曲最早的成熟形式。祠堂中与享堂正对着的是宗祠中最为精美的大戏台，向院内凸出，三面开敞临空，便于观众于三个方向看戏，戏台的屋顶为歇山顶，檐口高，翼角飞扬。木结构上有雕成神仙人物的斜撑，精美的花篮柱，覆莲式的梢子，雕工精美。戏台前边院内，铺鹅卵石。

整座祠堂布局错落有致、均衡对称、朴实无华。建筑材料就地取材，简洁朴素。所用木料考究，梓木柱凝重坚实，不用油漆，以表露木质纹理自然美。厅堂贯通，风格外向。屋顶的灰瓦，木结构的土黄色，青砖白墙，建筑色彩质朴淡雅。

就地取材、朴实无华的卵石墙　温州永嘉芙蓉村　2021.10

影壁上有八仙乘槎图　温州永嘉芙蓉村　2021.10

古戏台　温州永嘉芙蓉村　2021.10

祠堂门口有大将把手　温州永嘉芙蓉村　2021.10

祁氏宗祠戏台　台州三门祁家村　2021.10

三门祁氏宗祠

年代：明、清
文物级别：省级
地址：台州市三门县祁家村

  三门县宗祠之多，在浙江不多见。分布在全县城乡各地现存的就有132处。这也显示着此地传统宗族观念的根深蒂固。三门县宗祠大都建于明清两代，以传统木结构四合院为主，依山傍水。总体结构主要包括影壁、门楼、戏台、庭院、两厢以及大殿。布局一般采用中轴线对称，一进高过一进，表现出严肃、方正和秩序井然的宗法精神，也表达着族人期盼"步步高升"的美好心愿。

  祁氏宗祠在三门县东南祁家村的中部，四周都为居民，后边靠着山，村前边有小河。不过，祠堂周围大部分村民都迁到村的另一个地方，只留下几户人家。许多古老的房屋建筑，已经坍塌，很可惜。

  祁氏宗祠为传统木结构四合院，中间为庭院。沿中轴线自东向西依次为门厅、戏台、天井、正厅建筑。门厅和正厅间两侧分别设有两层厢房。明间后檐设戏台。宗祠总面积不大，但很有特点。大门为重檐，有其中彩绘遍布廊庑的梁枋，两侧为马头山墙。祁氏宗祠的戏台飞檐翘起，梁柱上木雕牛腿撑拱装饰。内部结构完整，屏风、藻井、梁枋、花板，装饰华丽。其中藻井为鸡笼顶，下口四方，雕饰缠枝蝙蝠，它与四方形的台面上下对照呼应，传达出天圆地方、天动地静的构思。祠堂的正厅高大轩昂，厅堂宽敞，雕梁画栋，用材粗大，梁枋饰件古朴大方。

  祁氏宗祠最大的特点就是装饰繁多。雕饰和彩绘不仅表现在戏台的藻井上，在大门、正厅的梁枋之间也到处都饰以艳丽的彩绘，就连厢楼上的栏杆也以蓝漆上色。另外，在檐廊、房屋的短小梁枋、横枋上和花板上也有彩绘装饰。内容除了植物花叶组成的图案，各种吉祥动物，还有众多古代戏曲人物故事，每一块梁枋栏板的人物场景都不相同，将整个梁枋装点得华丽热闹。

祠堂巨大的彩漆门神也很有特点，全身戎装、武艺高强的秦琼、尉迟恭威武地守护着祠堂的大门。门神文化起源于古代人们对自然灾害的认识和消灾避祸的自然崇拜。当人们在营建自己的房屋居舍之时，为防止妖魔鬼怪对住屋的侵袭，就请来神仙把守大门。门神有神荼、郁垒、萧何、韩信，三国时期的赵云、马超，唐代的相貌丑陋善捉鬼的钟馗，还有秦琼、尉迟恭两位武将，宋代的岳飞。这些门神反映了人们对自然、对外界驾驭能力的增强和生存质量的提高。祁家祠堂的门神形式，在其他地方还是很少见的。

祠堂屋脊也有装饰：门厅正脊中央是倒立的鱼，戏台的正脊是鱼龙吻，龙头鱼身，口含屋脊。而正厅屋的装饰是龙凤正吻，龙尾反卷着，龙凤嘴向前探出，凌空瞭望，很有气势。

正是这样丰富的装饰与点缀，使祁家宗祠显得与众不同。在我们考察拍摄时，遇到了许多离乡的本村人，带着家人和孩子，又回村看看。

祁氏宗祠戏台　台州三门祁家村　2021.10

祁氏宗祠戏台屏风　台州三门祁家村　2021.10

三 浙江祠堂古建的影像考察研究

祁氏宗祠　台州三门祁家村　2021.10

祁氏宗祠　台州三门祁家村　2021.10

乡村古建遗产　图说浙江祠堂

台州三门祁家村　2021.10

宁绍河网

位于浙江东部的宁波与绍兴，江河众多，河网密布，清流蜿蜒。千百年来，世间万象或已变迁，而宁绍水乡的文采精华，依旧层层积淀于山川河流之间。

据《世说新语》记载，顾长康从会稽还，人问山川之美，顾有诗云"千岩竞秀，万壑争流，草木蒙笼其上，若云兴霞蔚"。浙东的宁绍，在众多古籍中留下了如同幻境一般的气韵。

发源于浙东磐安县尖公岭的曹娥江，在绍兴新三江闸附近注入杭州湾，全长约200千米，一路流淌，过浙东盆地低山区和浙北平原。受曹娥江的造化，造就了宁绍平原的河流密布，也使这个地区的山得到了"开明"。与许多山势伟岸连绵、封锁天地不同，其丘陵低山在河流的切割下，地形破碎，多缺口，形成了天然的山水交错网格。再加上此地山脉基本呈西南—东北走向，一直绵延向海。如此，山岳阻隔被轻松瓦解，河流成为天然水道。

"古时吴越句章之地，今朝海定波宁之港"说的便是宁波。唐开元二十六年（738），宁波设明州。明太祖洪武年间，避讳国号"明"，改明州为宁波府。稠密的河网搭建起宁波的交通，吴越文化的滋养，让宁波经济发达，建筑繁荣，名人辈出。悠悠山水，灼灼明州，海定波宁，人文兴盛。

绍兴在杭州湾的南岸。从新石器中期的小黄山文化开始，至今已有约9000年的历史。优越的地理位置、得天独厚的自然条件，孕育了无数英雄豪杰和志士名人，更催生出灿烂丰富、悠远浑厚的越国文化；绍兴有大量的名胜古迹，或是传统古建民居，或是江南山水园林，无不幽雅宜人、熠熠生辉。

诸多的历史地理研究都表明宁绍地区的重要,从古老的大禹治水、河姆渡文化、吴越争霸等时期便初露端倪。秦汉和晋,北方移民南渡开发,政治经济中心南移。由于其土地肥沃,灌溉便利,东晋时期,已有"今之会稽,昔之关中"之谓,会稽成为"海内巨邑",与建康(南京)并称江南两大都会。

绍兴古鉴湖,今天的镜湖。曾是一座集灌溉、防洪及供水作用于一体的大型水利工程,造福浙东千年。东晋时开凿的浙东运河,西起杭州三堡,经绍兴、上虞、余姚、宁波至镇海,全长200千米。从西至东横贯绍兴平原,南与鉴湖各涵闸沟通,北与诸多河流交接。运河流经之处连接众多湖泊,形成四通八达的水系。当然,最为重要的是,它将南北"黄金水道"京杭大运河与浙东广大地区的水网连接。当年,金兵一路追赶宋高宗赵构到杭州后,仍不肯罢休。赵构遂东渡过钱塘江,再从浙东运河一路逃往海上。

"越山长青水长白,越人长家山水国。"那平畴洪野间、街头巷尾处的水,织成密网将平原、山地,包围、穿插、割裂。大小湖泊星罗棋布,长短河流纵横交错:一折一拐皆为景致,一支一流都有故事。那些形态各异、结构巧妙的路桥与别具一格、轻便质朴的乌篷,将水路贯通,亦将文明传送。

河是这一地域的灵魂与血脉,房屋往往依河而建,檐廊坡顶、白墙青瓦,高低错落,前后进退,生动无比,而由此延伸出的人物、传说、名胜、古迹、风土、人情,亦皆以水为载体和根本。

鲁迅在《社戏》中也写道:"船弯进了叉港,于是赵庄便真在眼前了。最惹眼的是屹立在庄外临河的空地上的一座戏台,模糊在远处的月夜中,和空间几乎分不出界限。这时候船走得更快,不多时,在台上显出人物来,红红绿绿的动,近台的河里一望乌黑的是,看戏的人家的船篷。"

三　浙江祠堂古建的影像考察研究

绍兴　2020.06

绍兴沈园　2020.06

乡村古建遗产　图说浙江祠堂

宁波慈溪　2018.07

宁波慈溪　2018.07

门楼　谢氏始祖堂　宁波余姚泗门镇　2021.10

泗门谢氏始祖祠堂

年代：明、清

文物级别：省级

地址：宁波市余姚市泗门镇后塘河社区

晋，永嘉之乱。谢衡带一家老小迁徙至江南绍兴上虞定居，为"东山谢氏"。五代后唐时期，谢氏又迁至台州临海。南宋末年，元兵南侵，寿和太皇太后谢道清担心谢氏家族受元兵侵扰，让族人到各地逃难。其中，谢长二迁居余姚泗门居住。至今，泗门谢氏已经到第29代，人口5000多人。泗门谢氏始祖祠堂，始建于明正德年间，由谢迁倡议、谢丕承建〔谢丕是谢迁仲子，明弘治十八年（1505）中殿试一甲第三名（探花），官至吏部左侍郎兼翰林学士掌院事〕。

大祠堂正门阳额上"四门谢氏始祖祠堂"八个大字，为明代谢正所书。祠堂占地约2200平方米，由门楼、前厅、中厅、后楼和积谷仓组成，三进院落，结构完整。谢氏始祖祠堂是宁波地区规模最大、历史最悠久的家族祠堂，也是浙东姚北地区古代祠堂建筑的杰出代表。目前，除了祠堂门楼为明代建造外，都是清代重建。祠堂为皇帝特许建造，顶部为庑殿式，屋脊有龙吻正脊，垂脊翘起。大门和皇宫的门一样是圆形的（其他全国各地祠堂大多是方的），为大理石拱券结构。本来祠堂前面有两座大型石牌坊，分别为明嘉靖年间大学士吕本所题"东山并秀"和"太傅流芳"，由于一系列原因被毁掉丢失。而牌坊于1965年拆用，作为建造泗门会堂的材料。

祠堂前两进建筑类型为高大的宫殿式平房，开阔气派。其中，第一进中间供奉的是始祖长二公神主像，东西两边分别供奉着十八昭穆神主像。第二进面阔五间，中间供奉着三太傅主像：晋太傅谢安、宋太傅谢深甫、明太傅谢迁，东西分别供奉着贤公谢选和汝湖公谢丕。祠堂里还有一副明代大学士李东阳所写，浙江省政协原主席刘枫重题的对联："古今三太傅，吴越两东山。"第三进为清光绪年间建造，为楼房式建筑。廊檐木雕恢宏大气、排列整齐，有很明显的徽派建筑特征。楼下，有一块镶嵌在墙壁上的石碑。据说是前清举人谢家山十岁时写的。

祠堂历经百年岁月。清同治元年（1862）被太平军烧掉。门楼因为是砖石结构比较坚固，保存至今。中华人民共和国成立后，谢氏祠堂祠屋收归国有，经过简单改造后，作为粮仓。2001年，余姚市认定该祠堂为市级文物保护单位。2003年，政府先后投入200万元进行保护性修复，2011年1月被公布为第六批省级重点文物保护单位。

谢氏始祖祠堂侧立面　宁波余姚　2021.10

后寝　泗门谢氏始祖祠堂　宁波余姚　2021.10

枫桥大庙戏台　绍兴诸暨枫桥　2021.10

诸暨枫桥大庙

年代：明

文物级别：省级

地址：绍兴市诸暨市枫桥镇

枫桥大庙，前后去了三次。第一次是无意的。2019年农工党一行同人到枫桥学习。在党史馆基地，竟发现隔壁有一座祠堂。当时，简单看了一下，没留下太多的印象。第二次是有意的。2020年，在看枫源村文化礼堂之余，有意在午饭后认真地观看这座祠堂，感到这个古建筑群气势雄伟，制作精致。这次来，决定静下心来好好拍摄。

枫桥大庙，省级文物保护单位，位于浙江诸暨枫桥镇。始建于南宋，重建于清代。大庙，原名紫薇侯庙，是为祭祀船工杨俨护国保民紫薇侯而建。清咸丰年间毁，不久里人集资重建。

整个建筑坐北朝南，呈长方形。由钟楼、鼓楼、前厅、戏台、中厅、后厅、东西厢房组成。门厅面阔五间，明、次间抬梁式，梢间穿斗式，单层硬山造。其中戏台与门厅相连，平面方形。藻井用穹隆斗拱、梁枋。雕刻精美，金碧辉煌，中厅呈凸字平面，面阔三间二弄，前后屋面勾连，规模宏大，用材考究。

1939年3月，周恩来以国民政府军事委员会政治部副部长身份，由重庆辗转至抗日前线视察。3月31日上午，周恩来从绍兴到枫桥，在祝更生等人的陪同下，于大庙戏台上作抗日救国演讲。今天这里已经成为爱国主义教育基地之一。

枫桥大庙规模宏大，结构精巧，保存完整，是研究民间庙宇建筑的重要实物，同时也具有重要的纪念意义。

三　浙江祠堂古建的影像考察研究

枫桥大庙中厅　绍兴诸暨枫桥　2021.11

枫桥大庙厢房　绍兴诸暨枫桥　2021.11

乡村古建遗产　图说浙江祠堂

枫桥大庙后寝　绍兴诸暨枫桥　2021.11

三　浙江祠堂古建的影像考察研究

枫桥大庙　绍兴诸暨枫桥　2021.11

枫桥大庙厢房梁柱雕饰　绍兴诸暨枫桥　2021.11

枫桥大庙后厅　绍兴诸暨枫桥　2021.11

枫桥大庙戏台藻井　绍兴诸暨枫桥　2021.11

枫桥大庙门厅屋顶装饰　绍兴诸暨枫桥　2021.11

三　浙江祠堂古建的影像考察研究

文管员王老师一家平时就住在大庙

绍兴诸暨枫桥大庙　2021.11

枫桥大庙中厅装饰　绍兴诸暨枫桥　2021.11

舟山群岛

舟山群岛上的海港、古镇最能彰显海洋气息。其中舟山新城、定海古城、沈家门等主要海滨城市最具代表性。在金色的晨曦或晚霞中沐浴着的港城,仿佛都披上了一层炫目的亮色,它们与远近大大小小的岛屿交相辉映,组成海天一色的优美画卷。

作为一个依托海岛建设的行政区,舟山在2.22万平方千米的面积上拥有1390个岛屿,约占中国海岛的1/5,称为舟山群岛。群岛呈东北—西南向排列,地势由西南向东北倾斜。最高峰为桃花岛上的安期峰,海拔540米。其他大多数岛屿山峰在海拔200米以下。在舟山岛东部,有佛教名山普陀山,山中佛寺佛塔星罗棋布、梵音盈耳。普陀佛国,自唐代以来一直香火鼎盛。

舟山本岛上有高丘、低丘、平原、滩涂以及海域地貌结构,而平原的比例只有30%。岛上农耕文化和渔业文化同时并存,其中渔业资源蕴藏极为丰富,拥有鱼类300多种,四大经济鱼类(带鱼、大小黄鱼、鳗鱼)为全国之首。这些海产品,不仅千百年来是舟山人赖以生存的食物,还是舟山依靠的经济支柱。海洋捕捞和海产品贸易,在漫长的历史长河中一直都是舟山群岛的传统文化。因此,舟山自古有"海天佛国、鱼舱港口"之誉。

清代康熙认为:"舟山动,不太平,海定则波定。"舟山因此曾被更名为海定。千百年前,舟山群岛就是与日本、朝鲜半岛通商的主要港口和"海上丝绸之路"的必经之地。这片东海海域,明朝以来成为浙江海盗、海商与朝廷对抗的地方;到了清代,又成为鸦片战争的战场。1840年的鸦

三 浙江祠堂古建的影像考察研究

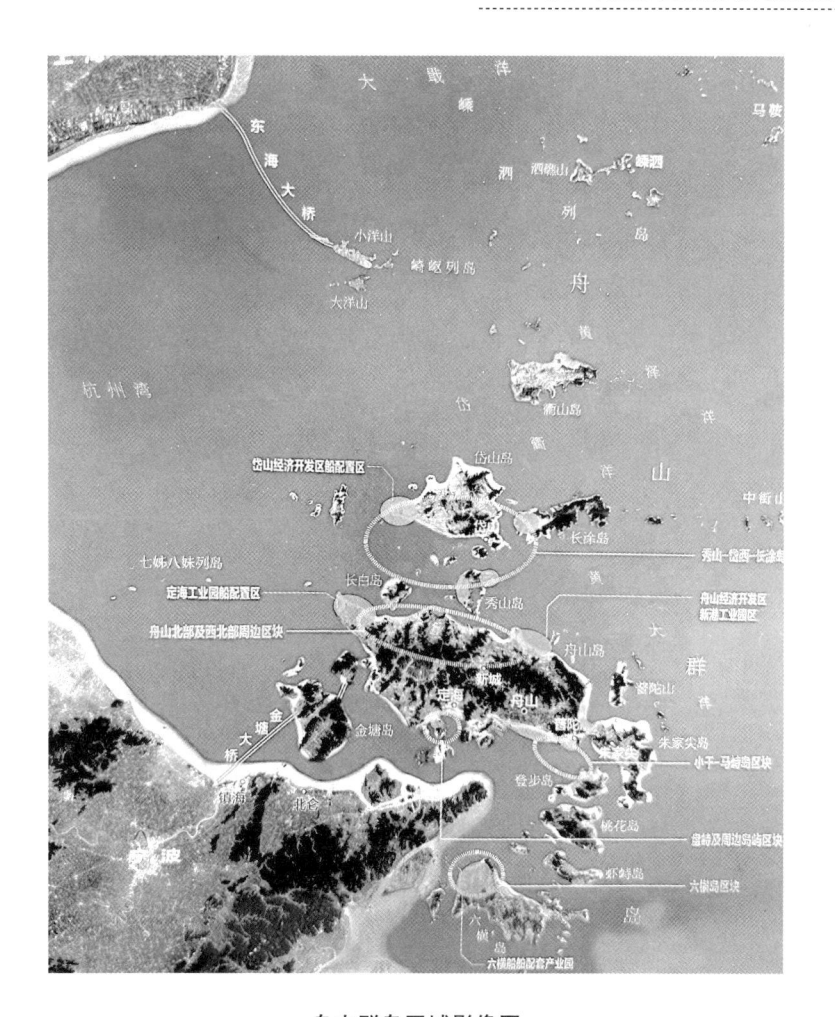

舟山群岛区域影像图

片战争，英国先后霸占此处长达4年9个月。此后的1884年，法国也发动入侵舟山群岛的战争。舟山港域辽阔，是拥有成片深水岸线的地区，为天然良港。一名英国海军上校写道："舟山群岛良港众多，靠近的也许是世界上最富裕的地区宁波不到20英里，杭州不到79英里。如果英国占领舟山群岛，不久它便会成为亚洲的最早贸易基地，世界上最早的商业基地之一。在安全的军事基础上建立一个大不列颠商业中心，其价值不可估量。"

"自由港""亚洲最早的贸易基地",这些只是历史上资源掠夺者的梦想。中华人民共和国成立以来,尤其自2009年开始,舟山历时10年打造的,连接4座岛屿绵延近百千米的"舟山大陆连岛工程"已经全面贯通。因为陆岛工程,舟山这一座座孤悬海外的群岛进入了所谓的大桥时代。2011年6月,这片饱经风霜的群岛迎来了命运中的转折,舟山成为国家首个以海洋经济为主的国家级新区,那些散落的岛屿将摇身一变,崛起成为中国乃至世界最大的港口群。

三忠祠正殿正面　舟山定海　2021.10

定海三忠祠

年代：清

文物级别：省级

地址：舟山市定海区城关镇

三忠祠，不是家祠，而是纪念清代三位总兵（葛云飞、王锡朋、郑国鸿）的烈士忠祠。它位于舟山定海本岛的一个山顶上。俯瞰，恰似一艘战舰。

1840年7月5日下午2时，英舰29艘，兵力4000人的侵华远征军向浙江定海发动进攻。定海总兵张朝发率水师2000余人在城外迎战，清军失利。县令姚怀祥在城内继续抵抗，英军直到次日凌晨才攻占定海。这是中英双方首次大规模正式交战，鸦片战争正式爆发。鸦片战争是中国近代史的开端。

在鸦片战争中，英军先后两次攻占浙江舟山。英军第二次进攻舟山是在1841年9月26日，中英双方都放弃了和谈，决心在战场上一决雌雄。定海镇总兵葛云飞、寿春镇总兵王锡朋、处州镇总兵郑国鸿，率5800名将士在定海城西晓峰岭、竹山门、土城等地与敌血战六昼夜，三总兵等将领全部壮烈牺牲，所有将士无一变节。10月1日定海再度失守。第二次定海之战是整个鸦片战争开战以来，坚守时间最长、最为悲壮的一次保卫战。

舟山是鸦片战争的主战场。从英国方面看，英国政府发动侵华战争，其主要的目标要强迫清政府开放华东对英通商，而侵占舟山是首选目标。而义律撤出舟山、占领香港的做法与英政府的侵华方针背道而驰，这是他被撤职的根本原因。为了实现英国政府既定的侵占目标，改派璞鼎查作为侵华全权代表，重新占领舟山，直至清政府全盘接受英国的要求为止。

  1846 年，为纪念三总兵壮烈殉国。道光皇帝下谕建祠堂，称为三忠祠。三忠祠原址建在定海和昌弄，后来成为佐廷小学，现迁至竹山公园晓峰岭南岗墩。三宗祠为四合院建筑，祠宇坐北朝南，由前殿、后殿、偏殿和厢房组成。院中有 3 米高汉白玉石碑，碑上刻有道光帝赏恤三总兵及阵亡将领的诏书。左厢房陈列着三总兵画像及遗物。整个建筑群白墙青瓦、古朴简洁。三忠祠，记载着中华民族在近代史上受外敌侵略的耻辱史，也记载着中华儿女坚强不屈的抗争史，具有重要的历史教育价值。2001 年 6 月，三忠祠被中宣部列为全国爱国主义示范基地。

  三忠祠所位于的晓峰岭是鸦片战争的古战场遗址，从空中看，还能清晰地看到古炮台遗址。那天我们到达舟山已是下午，拍摄考察伴着夕阳的余晖。还算顺利，工作人员热情地等到我们拍摄考察完毕。站在晓峰岭上，看夕阳沉落，海风吹过，凝望着大海：现代城市、海港和远方的军舰，又把思绪引向 180 年前的那场战争。

三忠祠及鸦片战争古遗址　舟山定海晓峰岭　2021.10

三忠祠院内道光皇帝诏书汉白玉碑　舟山定海　2021.10

三忠祠厢房　舟山定海　2021.10

三忠祠砖石门头　舟山定海　2021.10

鸦片战争古战场遗址　舟山定海　2021.10

三 浙江祠堂古建的影像考察研究

丽水山地

丽水是一个听着就很美的地方。丽水不是丽江，丽江在云南，而丽水在浙江的西南，与福建毗邻，为浙江省陆地面积最大的地级市。飘逸俊秀的 800 里瓯江穿境而过，水碧天蓝，山川秀美。

丽水建置于隋朝开皇九年（589），旧城为处州、括州。境内区县名字极具文化色彩，如莲都、龙泉、云和、庆元、缙云、景宁、青田、松阳、遂昌。景宁县是中国唯一的畲族自治县，青田是浙江的重点侨乡。

在漫长时光中，丽水先民用智慧和汗水，创造出空灵而富于想象力的惊世技艺。2600 年前，欧冶子在秦溪山汲水淬火，铸就绝世名剑——龙泉宝剑。1700 多年前，龙泉人在火与土中烧制温润如玉的青瓷。青田人在拙朴的石头上雕出精美的图案和生命的光彩。

"绿水青山就是金山银山"用来描述丽水最为恰当。境内海拔 1500 米以上的山脉就有 5 座：海拔 1929 米的浙江省最高峰黄茅尖、海拔 1856 米的百山祖、海拔 1724 米的九龙山、海拔 1621 米的白马山、海拔 1500 米的大洋山。总的来说，丽水境内群山耸立，沟壑纵横，山水清纯。

由于地处浙江西南内陆，山地较多，交通不便，丽水保留了风雅古朴的民风和质朴多姿的古建筑，令人惊艳。又因水系丰富以及多雨的气候，从而诞生了廊桥这个特殊的建筑以做遮风避雨和通行之用。在山清水秀的自然环境中，还藏有通济堰、龙泉哥窑、松阳延庆寺塔等古朴风雅的建筑遗存。它们与自然风景交相辉映，形成了"朝飞暮卷，云霞翠轩，雨丝风片，烟波画船"的唯美风景。

丽水庆元月山村如龙廊桥　2016.07

丽水庆元月山村清澈溪水　2016.07

三 浙江祠堂古建的影像考察研究

时思寺钟楼　丽水景宁　2018.01

景宁时思寺

年代：南宋至清
文物级别：国家级
地址：丽水市景宁畲族自治县大漈乡西二村

畲，意为焚烧草木耕作田地。从唐朝开始畲族从福建迁入浙江，宋代迁入丽水的景宁，并在此建立起了一座座畲族民居。畲族作为浙江省唯一自然分布的少数民族，清康熙年《景宁县志》便有确实的记载。关于其最早的人类学资料，来自1929年由西方学者与中央研究院合著的《浙江景宁县敕木山畲民调查记》，之后历经时代变迁，至1984年方得以成立景宁畲族自治县。景宁是全国最大的畲族聚居地，完整保存着畲族的传统服饰、饮食、婚嫁、医药、宗教、木偶戏等文化习俗。

这里的民居多建立在陡峭的山坡上，建筑群之间形成巨大的落差，由石板以及卵石铺成的阶梯相连。建筑本身多采用无窗的泥墙支撑青灰的屋顶以及狭小的天井。畲族民居与多彩的畲族文化一起，形成了独特别致的畲族风情。

时思寺始建于南宋绍兴十年（1140），明洪武元年（1368）刘基（刘伯温）为其题写门额"时思道场"，故又称"时思院"。明宣德元年（1426）再改院为寺。先后于清顺治和乾隆年间再度修缮。全寺占地2700平方米。

时思寺是汇集宋、元、明、清数代建筑风格于一体的综合建筑群，又是"寺祠院三观同址，宋、元、明、清四代同堂，儒释道三教合流"的古寺建筑群。

时思寺平面为长方形，坐西朝东，原寺由大雄宝殿、弥勒佛殿、三清殿、钟楼、夫人楼、胡公堂、金刚门等建筑组成，现仅存部分建筑：包括山门、钟楼大雄宝殿、三清殿、马仙宫以及梅氏宗祠等。

寺门为牌楼式，分南北两座，北山门做工较讲究，平面柱子呈"工"字形排布，明间施两柱，下部抱以抱鼓，上部以五层斗拱作双向承挑出檐，门上悬挂"时思寺"匾额。大殿，面阔三间，进深二间，木结构，柱头卷杀明显，呈梭状。斗拱结构简单，均用四翘二踩双下昂出檐。该殿内部结构较为简单，装饰和色彩上也都比较低调，久远的年代让其显示出更为沉静的古建气质。

梅氏宗祠建于明万历年间（1573—1620）总体布局为三进，自东向西依次为祠门、前厅、序伦堂、报本堂。三进建筑之间均设天井，报本堂左右设有轩房。三进屋面均为单檐歇山顶。报本堂采用减柱造以扩大室内空间，具有明显的地方特色。

钟楼建于明洪武元年（1368），平面呈方形，面阔和进深均为三间，为三层楼阁式，建筑逐层收进，侧脚明显，四根内柱直贯三层，屋面为歇山顶。四周出檐舒展，颇具明代建筑风格，顶层挂有明洪武年间铸造的重达千斤的铜钟一口，声音可传至18千米以外（此钟在"大跃进"运动时被毁）。

乡村古建遗产　图说浙江祠堂

时思寺山门内的古柏　丽水景宁　2018.01

时思寺寺门为牌楼式　丽水景宁　2018.01

时思寺大殿　丽水景宁　2018.01

三 浙江祠堂古建的影像考察研究

时思寺院内古石　丽水景宁　2018.01

时思寺院内古石　丽水景宁　2018.01

横卧于沐鹤溪的古廊桥　丽水景宁大漈乡西二村　2018.01

畲族女性为凤凰的化身，畲家具有崇凤敬女的习俗。

丽水景宁大漈乡西二村　2018.01

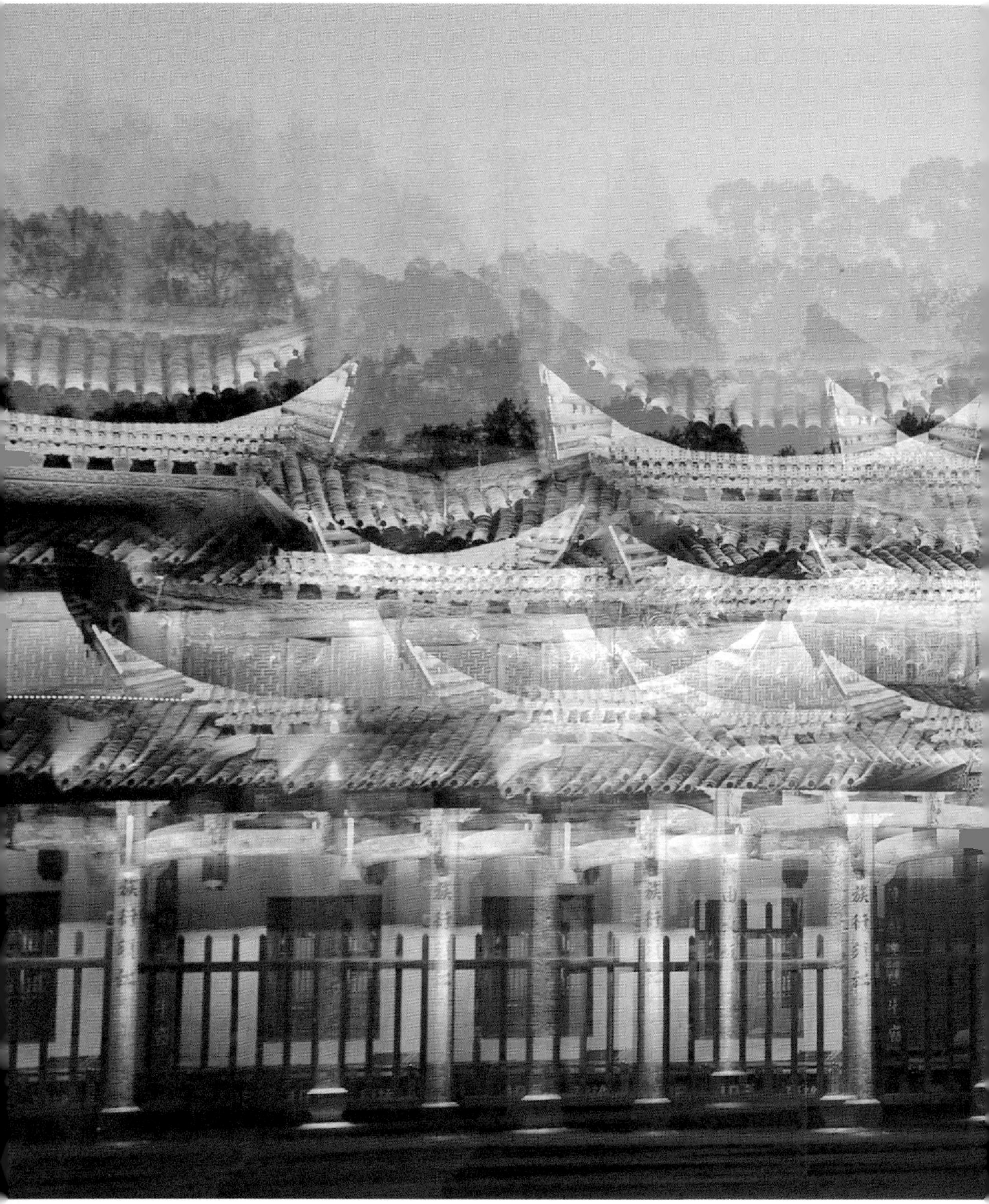

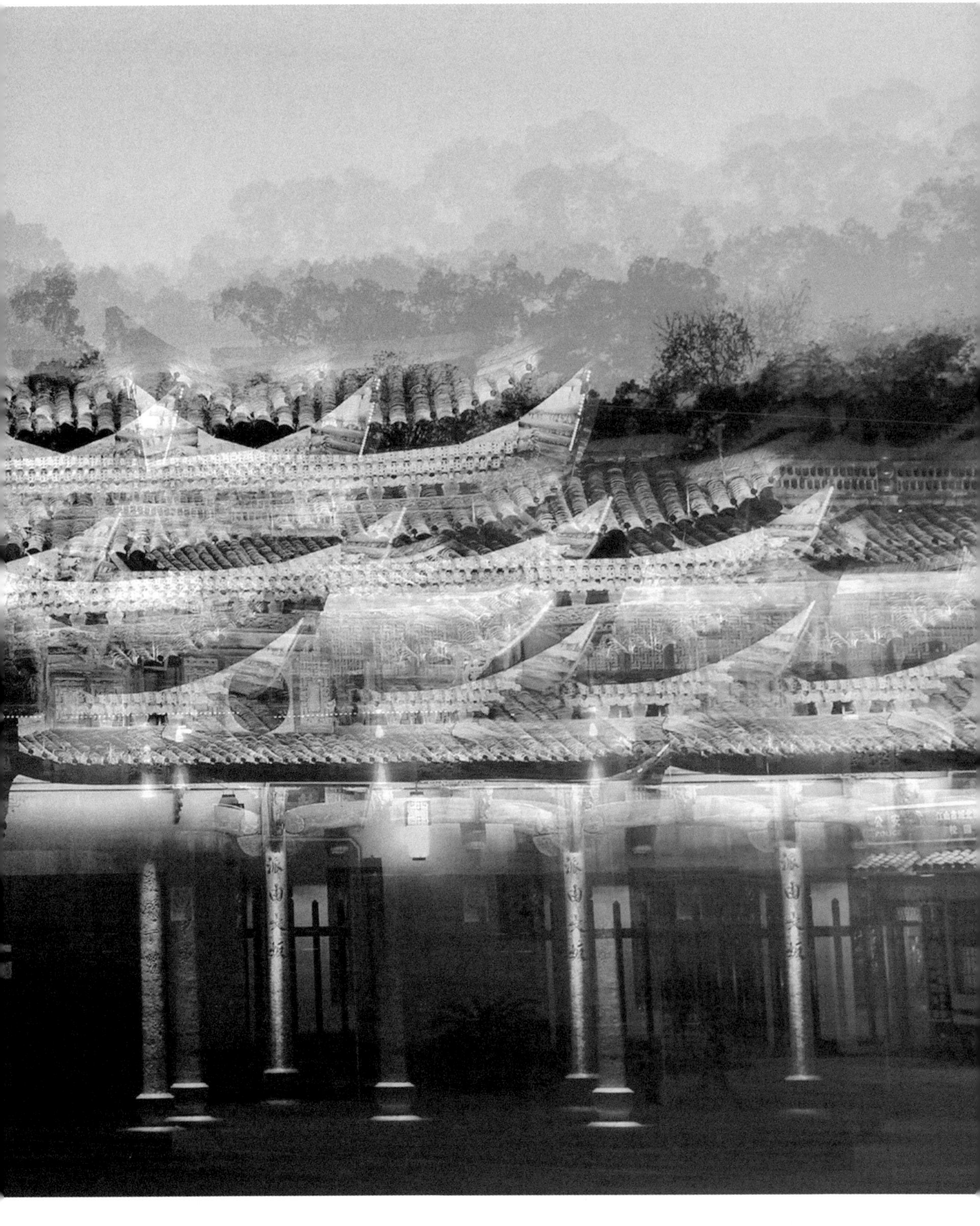

四 乡村社会公共空间变迁

——从家庙祠堂到文化礼堂

- 乡村社会公共空间
- 传统乡村社会与祠堂空间
- 祠堂空间功能的变迁转向
- 作为文化礼堂的祠堂空间

乡村古建遗产　图说浙江祠堂

文化礼堂与祠堂并存　金华永康象瑚里村　2021.04

四 乡村社会公共空间变迁

20世纪以来，中国的政治、经济、社会等各个方面都发生了翻天覆地的变化。广袤的乡村世界也在时代的洪流中经历着巨大的变化。这种变化，不仅反映在人们的饮食居所，也反映在日常生活的方方面面。当然也包含于乡村社会公共空间的变化之中。时至今日，随着中国城市化、工业化的发展以及乡村振兴，中国乡村社会从传统的血缘式家族（宗族）社会向现代地域式的公民社会（人民社会）转变。

乡村社会公共空间

公共空间是从德国哲学家、社会学家哈贝马斯的公共领域理论衍生出来的概念。狭义上指那些供城市居民日常生活和社会生活以及工作、学习公共使用的室外空间，它包括街道、广场、居住区户外场地、公园、体育场地等。广义上的公共空间，不仅仅是一个地理概念，更重要的是进入特定空间的人，以及展现在这些空间之中的参与、交流与互动。空间中的活动包括公众自发的日常文化休闲活动、自上而下的宏大政治集会和一些经济行为。

乡村社会公共空间，是近二十年来国内外学界研究的一个课题。"我们一向只认为公共空间是城市的事情，它源自古希腊城邦的'阳光广场'，殊不知，在农耕的中国，也自有另类的公共空间。"[1] 乡村公共空间是"地理空间和社会关系的结合，强调的是一定社区内的公共精神、归属意识，是一个被附加了许多外在属性的文化范畴"[2]。它区别于古希腊城邦、现代

---

[1] 丁贤勇编著：《祠堂·学堂·礼堂——20世纪中国乡土社会公共空间变迁》，中国社会科学出版社2016年版，第1页。

[2] 丁贤勇编著：《祠堂·学堂·礼堂——20世纪中国乡土社会公共空间变迁》，中国社会科学出版社2016年版，第1页。

城市中的公共空间，不仅免费给予大致以该空间为中心的同心圆为一定范围的村民物质（如场地、基础设施等）上的支持，而且在思想文化、伦理道德和宗教信仰等方面提供一个范式，形成一种文化认同感，从而显现出"人以群分"的乡土格局。因此，乡村社会公共空间，既是物质的、精神的，也是社会的。

在古代社会里"普天之下，莫非王土，率土之滨，莫非王臣"，从这角度看，"公共"似乎并不存在。其实，自古及今民众不管身处何种政治环境之中，都会开辟出独有的公共空间并参与属于自己的公共生活。在乡村的大树下，小河边、小桥头、水井边、庙宇中、祠堂内、小茶馆、商铺里，都可能形成乡村社会公共空间。

乡村中多样化的公共空间大致可分为：一、神异性公共空间，主要从事祭祀娱神、唱戏娱人，如祠堂；二、日常性公共空间，主要进行日常生活、生产学习等交互和交往活动，如学堂；三、处理公共事务、举行政治集会的政治性公共空间，如礼堂。

四 乡村社会公共空间变迁

传统乡村社会与祠堂空间

中华人民共和国成立之前,祠堂作为"特定人群"的公共空间,作为"族权"象征的同时,也对人们的社会生活有着极大的影响。祠堂具有诸多功能和作用。一是颂祖。通过祠堂宏伟的建筑和华丽的装饰歌颂祖先的大德,以尽忠孝。二是贴金。记述祖先荣耀也等于在后代脸上贴金,如"一门六进士""安昌望族,名人辈出"。三是收族,凝聚团结。"祠堂作为原生性空间的意义在于祭祀祖先,而作为次生性空间在于团聚族人。"[①] 四是巩固宗族的统治,维护宗族的秩序。五是精神支柱,充当宗教信仰活动场所。宗祠会举行形式多样的庄严的神圣祭祀活动。六是祠堂修家谱或族谱,传承家史。七是文化教育功能,大力倡学,创办私塾。除此,祠堂还有文化、教育和经济功能。

虽然祠堂在乡土社会中有着举足轻重的作用,但它并不都是温馨的场所,也有血淋淋的家族故事,以及冷冰冰的中国式伦理和血缘尊卑。

[①] 王静:《祠堂中的宗亲神主》,重庆出版社2008年版,第100页。

祠堂空间功能的变迁与转向

中华人民共和国成立之后，宗族制度逐渐被强大的政权力量打散。先是对祠堂的经济基础采取措施，收归族田（祠田、学田、坟田等）。接着通过政治支持的"暴力"手段进行损毁。许多乡村中的祠堂就此落下帷幕，弃置坍塌或者移作他用，只有残垣断壁还悄然诉说着往日的"光荣与梦想"。改革开放后，经济有了很大的发展，宗族文化有了一定的复兴。许多地方掀起了一股翻新、修复古祠和兴建祠堂的热潮。大多数祠堂由族人筹集资金进行修缮或兴建，也有一些被列入文物保护单位，由国家主动拨款与民间共同修缮。

作为乡村精神家园与文化遗产的祠堂空间。散落在浙江乡村传统村落中的祠堂古建，其建筑形制、风貌结构、装饰细节，都具有较高的历史、艺术和技术价值。同时也记载着百姓生活空间的日常点滴，保存着环境建设的记忆。其丰富的建筑设计、材料工艺以及随之而来的生活和文化信息，令一座座祠堂建筑也散发着生命的关怀，彰显着许多人的精神家园。而随着现代生活空间的拓展和经济发展，完整的传统祠堂建筑逐渐稀落，一些古祠堂也处在消失的边缘。因此，作为乡村文化遗产的祠堂古建得到了政府与民间的共同重视与保护，许多精美的祠堂建筑都被列入全国、省级、市级文物保护单位。在资金和制度层面上得到保护和修缮，在以生存发展为要务的建设过程中，这些珍贵的古建筑遗产和文明记忆，能够得到更多的珍惜和延续。

随着现代化和城市化进程的加快，农村整体的凝聚力减弱，传统文化领域受到冲击。乡村祠堂开始一些"返璞归真"的活动：祭祖活动得到允许，只是少了一些迷信色彩，祭祖的仪式和程序也更为简单、实用和现代。更多的是举行偏向于"成人仪式"型的祭祖活动。这样，用宗法的"形"，传达寄托哀思，弘扬尊老爱幼、民族精神及其他传统美德的"质"。祠堂成了联结宗族的亲情纽带。这是新时期国家在思想领域、精神层面对"公民社会"的建设。国家又重新依托旧祠堂等传统公共空间传承优秀文化、弘扬优良品德。

作为文化礼堂的祠堂空间

  乡村公共空间的变迁与共存——从祠堂到礼堂。祠堂、礼堂，这二者并非在每一个乡村同时存在，有的或许是同一空间在不同时期历经了二者文化内涵的转变。无论是祠堂礼堂，其共同之处在于它们同属于空间上的建筑实体，单从这一点上看，想要在二者之间实现其特定功能的转换并不复杂。经验表明，相对于私人空间，人们更善于变更公共空间的功用来满足公众的共同需求，这是最可能实现且阻力较小的一种方式。出于不同的时代需求或者困境下不得已的选择，善于变通的人们将祠堂的空间资源利用起来，将其打造成一个初具雏形的学堂，以此尽可能多地满足本区域内儿童受教育的需求，从祠堂到礼堂，从礼堂到学堂的变更大致也是如此。

  浙江省青田县高湖镇内冯村的"冯氏宗祠"就历经了这个过程。它的名称虽然没有改变，但在这一过程中，该祠堂的实际功用发生了变迁。另外还存在一种现象：祠堂、学堂、礼堂并存于同一建筑物中，它们各自发挥作用，既"自立门户"，有着区别于另外两者的特性，又"相辅相成"，都在乡村扮演着重要的角色。值得思考的是，在祠堂衰落之后，其原来所发挥的维护村落、宗族共同体的作用是否也随之消失了，还是继续由礼堂来替代它发挥着原有的作用呢？随着原本的村落共同体的衰落，自然村内生的权力结构被打破，我们的乡民又是如何来亲历这一巨大的转变的呢？总之，不管是哪种现象，祠堂、学堂和礼堂都是它们所在乡村历史的见证，或兴盛繁荣，或饱经战火，抑或沧海桑田。

  随着现代化的推进，公共文化生活解体造成的乡村文化危机日益加深。因此，再次运用公共空间，建设公共文化生活，加强乡村文化认同感和凝聚力。"农村文化建设从乡村的公共文化生活空间的重构入手建造礼堂,实现公共文化生活的回归以及农民文化新的整合,这样可以推动农村文化发展,乡村记忆的延续以及社会生活共同体的形成。"①

2013年起,浙江省实施农村文化礼堂建设,争取五年内50%的行政村建有文化礼堂。从建设乡村文化礼堂入手为农民打造精神家园,让其在"身有所栖"后"心有所寄"。近年来,浙江省农村文化礼堂建设工程如火如荼地进行着。目前,全省已建成文化礼堂约4000家,用以充实基层文化载体。这些礼堂形式多种多样:有以功能角度划分的学教型、礼仪型、娱乐型、长效型还有综合型等;从性质角度看,大多具有纪念意义或者娱乐性质,也有一些带有一定的政治性。

在已建成的文化礼堂中,很大一部分是由原来的老祠改建而成。而在有些新建的文化礼堂,保留和利用了一些祠堂的功能。"从乡土文化传承的角度来看乡村文化礼堂建设是由旧式祠堂到文化礼堂的嬗变。"② 这一转变体现了国家形式上利用乡村公共空间进行的新农村建设,在内容上则是注入了优良的传统文化内核。随着文化礼堂的不断普及,新农村建设在内容上的创新也不断凸显——基于传统之"礼仪",培育现代之"和谐"。社会各个层面也在为文化礼堂的建设做一些努力。但是,文化礼堂的建设仍任重而道远。

一般来说,作为乡土文化的祠堂文化自有它得天独厚的文化特质与文化资源。对乡土文化的保护和继承要坚持"保护第一"原则。对乡土文化最有效的保护是积极的全方位的延承。所谓"积极的延承",指的是既要继承乡土文化传统的东西,也要适应现代生活需求创造新的东西;既要保

---

① 丁贤勇编著:《祠堂·学堂·礼堂——20世纪中国乡土社会公共空间变迁》,中国社会科学出版社2016年版,第8页。
② 丁贤勇编著:《祠堂·学堂·礼堂——20世纪中国乡土社会公共空间变迁》,中国社会科学出版社2016年版,第8页。

护好原生态乡土文化,又要创造新生态乡土文化。所谓"全方位的延承"指的是:既要延承乡土文化的"文脉",也要有选择地延承作为乡土文化载体的"人脉",既要延承乡土文化的物质表象(即"形似"),也要注意延承乡土文化的精神内涵(即"神似")。特别不要忽视某些宗教及家族文化因素在乡土文化中的重要作用,其旺盛的生命力、感召力成为维系人们世代延续、和谐共生、善待苍生的重要精神支柱和心灵托付。这一点,恰恰正是散落于乡土中国的祠堂及祠堂文化的价值所在。

乡村建设学者陈陵广教授指出:"如何让大部分废弃的祠堂以包容与创新的姿态实现转型,在当代社会发挥独特的教化功能,留住乡愁,保持寻根功能,其活化研究和实践成为当下的必然。"[1] 古建祠堂从家庙转向文化公共空间,为历史建筑空间寻找新的生命,新的用途。"创造性转化,创新性发展",深入挖掘宗族资源,特别是名人名家、轶事旧事、故事传说、乡风民风等,彰显不断的血缘与不绝的亲情,以情感还乡,推动文化还乡,以多媒体技术做好浙江祠堂及祠堂文化,使优秀的当代文化艺术进入祠堂,丰富乡村生活,为振兴乡村注入新的活力。

---

[1] 陈凌广:《浙西霞山古镇民居文化及其时代价值研究》,中国电影出版社2012年版,第258页。

四 乡村社会公共空间变迁

翻新的祠堂与文化礼堂并存　衢州柯城余东村　2020.09

新建古祠堂　金华兰溪里郎村　2020.10

乡村古建遗产　图说浙江祠堂

杭州余杭径山村文化礼堂　2021.08

绍兴诸暨枫源村　2020.11

四 乡村社会公共空间变迁

红色经典《一条棉被》在古祠堂演出

衢州江山大陈村汪氏祠堂　2019.11

《助推乡村振兴　红色文化走进祠堂》音乐会

衢州江山大陈村汪氏祠堂　2019.11

红色舞剧《红》在古祠堂演出　衢州柯城余东村　2020.09

红色舞剧《红》在古祠堂演出　衢州柯城余东村　2020.09

参考文献

鲍树民撰文，鲍富摄影：《徽州祠堂》，中国建筑工业出版社2015年版。

蔡良瑞：《探秘中国古建筑》，清华大学出版社2015年版。

陈凌广：《浙西祠堂》，百花洲文艺出版社2009年版。

陈凌广：《浙西霞山古镇民居文化及其时代价值研究》，中国电影出版社2012年版。

陈兴兵主编：《兰溪祠堂》，兰溪文史资料编辑委员会2016年版。

丁贤勇编著：《祠堂·学堂·礼堂——20世纪中国乡土社会公共空间变迁》，中国社会科学出版社2016年版。

[德]恩斯特·伯施曼著，赵省伟编：《遗失在西方的中国史——中国祠堂》，贾金明译，重庆出版社2020年版。

方拥：《中国传统建筑十五讲》，北京大学出版社2010年版。

冯尔康：《中国古代的宗族和祠堂》，商务印书馆2013年版。

汉宝德：《建筑母语——传统、地域与乡愁》，生活·读书·新知三联书店2014年版。

汉宝德：《中国建筑文化讲座》，生活·读书·新知三联书店2006年版。

贺从容、李沁园、梅静编著：《浙江古建筑地图》，清华大学出版社2015

年版。

靳凤林等：《祠堂与教堂——中西传统核心价值观比较研究》，人民出版社 2018 年版。

梁思成：《中国建筑史》，生活·读书·新知三联书店 2011 年版。

刘华、杨昶：《祠堂·宗族文化的圣殿》，《华夏地理》2016 年第 6 期。

楼庆西主编：《雕梁画栋》，生活·读书·新知三联书店 2004 年版。

楼庆西主编：《雕塑之艺》，生活·读书·新知三联书店 2006 年版。

楼庆西主编：《千门万户》，生活·读书·新知三联书店 2006 年版。

楼庆西：《乡土景观十讲》，生活·读书·新知三联书店 2012 年版。

陆小赛：《16—18 世纪钱塘江流域建筑构件及其装饰艺术》，浙江大学出版社 2013 年版。

［美］那仲良著，［菲］王行富摄影：《图说中国民居》，任羽楠译，生活·读书·新知三联书店 2018 年版。

潘曦：《建筑与文化人类学》，中国建材工业出版社 2020 年版。

祁庆国：《文物摄影：文化遗产保护与传承的关键之链》，《中国摄影》2012 年第 8 期。

单霁翔：《建筑文化遗产保护》，天津大学出版社 2015 年版。

单之蔷：《浙江有个王士性》，《中国国家地理》2012 年第 1 期。

石战杰：《建筑与环境摄影》，浙江摄影出版社 2018 年版。

石战杰：《钱塘江流域祠堂（上）》，《摄影与摄像》2021 年第 5 期。

石战杰：《钱塘江流域的民族建筑（下）》，《摄影与摄像》2021 年第 6 期。

杨云鬯：《田野调查与摄影　历史、当代以及对人类学的"超越"》，《中国摄影》2018 年第 8 期。

袁蓉荪：《佛窟中国》，五洲传播出版社 2019 年版。

张邦卫：《"后家族时代"与浙江祠堂文化的传播策略》，《浙江传媒学院学报》2012 年第 5 期。

赵娟：《温故启新：鲍希曼中国建筑考察研究及其意义》，《文艺研究》2014年第12期。

赵迎新主编：《中国世界遗产影像志》，中国摄影出版社2014年版。

仲向平、陈钦周：《钱塘江历史建筑》，杭州出版社2013年版。

致　　谢

　　以摄影的方式考察、表现浙江地区传统村落中的古建遗产——祠堂，我得到了许多专家、学者、政府工作人员、文物保护管理者、普通村民的大力帮助，是他们让我能够深入理解这些优秀的建筑文化遗产，并能够以此为主题，开展我的影像创作与文字书写。近年来，关于祠堂古建的研究和文化遗产的考察都呈现出不断增长之势，但这些散落在乡村中精美的祠堂古建筑仍然有待更多人的认识与了解。

　　2014年的元月，浙江还处在深冬。陈凌广教授邀请我加入"衢州祠堂营造技艺"项目的拍摄工作。那段时间，天是晴的，也是蓝的。我陶醉在冬日的暖阳与民居建筑的光影中，跟随着项目组到了浙江西部许许多多的乡村。我们穿行在山区、盆地和原野中，在幽静的村落中见到了一座座古朴的祠堂。这次拍摄工作打开了我对祠堂建筑与场域的最初认识。后来，陈教授赠我《浙西霞山古镇民居文化及其时代价值研究》《浙西祠堂》，陆小赛教授也送我《16—18世纪钱塘江流域建筑构件及其装饰艺术》，我认真研读。此后，对乡村古建祠堂有了更深刻的认识与理解。

　　2017年，又是一个深冬。我加入陈教授的国家社科基金艺术学项目"钱塘江流域传统村落祠堂建筑文化艺术活化路径研究"团队，这既是机遇又是挑战。影像的艺术化表现与科学的准确记录，以及它们之间的平衡

致 谢

与偏重，着实令我困惑。不过，能够将祠堂古建影像放入历史文化与时代背景去表现，是一件有意义的工作。感谢陈凌广教授给我开启了一扇窗，也扶着我走上古建祠堂的一条路。当然也要感谢陈小平女士一直以来对我的勉励与支持。总是欠她一顿饭。那一年，还有陈子坤、褚国娟、虞思聪与我一起组队考察与拍摄，和他们在一起工作很愉快。

2020年的夏天，著名摄影家傅拥军老师组织钱塘江影像考察，从开化的钱江源到海盐的入海口，从涓涓细流到滚滚海潮。我穿行在钱塘江流域的乡村中，以"乡村古建祠堂"为考察对象，再次把目光投向了祠堂。考察最初的那段时间，天总是阴着，常伴随着大雨。在雨中，我进一步地理解了祠堂建筑与百姓生活的关系。

2021年的4月18日，"春水如蓝——钱塘江诗路影像展"在杭州开幕，部分祠堂古建作品展出。感谢同事傅拥军老师、兰溪的朋友丁伯乐、李冰父子、我的好朋友兼学生冯华懋（他当时还在上海戏剧学院攻读研究生）的指导与陪伴。我还要特别感谢钱塘江考察团的里里老师，她谦虚、善良，为我的拍摄提供许多宝贵的建议。

2021年的夏天，"浙江祠堂古建影像志""从家庙祠堂到文化礼堂"的考察与研究相继立项，得到了浙江省文化艺术发展基金、浙江传媒学院艺术基金的资助。祠堂古建的影像考察范围扩大至浙江全境。那年的金秋，同事朱广宇教授、朋友考古学者樊钢亮、学生刘浩洋，放弃了"十一黄金周"，陪伴并帮助我对温州、台州、舟山、宁波的一些古祠堂进行考察拍摄。路途辛苦，向他们表示感谢。

2022年的6月，经浙江传媒学院图书馆帮助举办了个人大画幅黑白摄影作品展：《浙江祠堂——乡村古建遗产》。感谢潘少梅、张世峰、梅像彬的协调与帮助。11月，《浙江祠堂——乡村古建遗产》入选2022年《浙江摄影家文献》丛书第二辑，刘铮老师选择、编辑50幅作品，祠堂古建得以艺术性的呈现与传播。略有遗憾，当年的摄影展览与摄影集出版，还不足以表达、呈现这些年我对浙江乡村古建祠堂的观察、书写与思考。

2023年的春天，《乡村古建遗产　图说浙江祠堂》图文版入选"金鹰学科丛书"。用文字和图像两种语言去书写浙江乡村古建祠堂的历史与现实。使本书不仅具有影像艺术价值，还具有一定的文献学术价值。它可能成为一份祠堂古建的文献材料与视觉样本。这是我近年来一直追求的与在意的。

范强老师，他知识广博又虚怀若谷，在他耳提面命之下，我脑洞大开，不断前行。感谢他多年来的支持、帮助以及指导与勉励。要感谢的人还有：朱旭光老师、刘如文老师、王敏杰老师、林青老师，在此一一表示诚挚的谢意。当然对于多年来一直关心我的老师也要表示感谢——谢建新、张卫星、刘鲁豫、于德水、姜健、闫新法、李宇宁，尽管他们都居住在中原的郑州。

另外，我也衷心感谢多年来在乡村古建筑遗产方面的实践者和研究者。他们的实践和研究为我写作此书给予了巨大的帮助。我将他们的姓名列举在本书的注释和参考文献中。

再次感谢陈凌广教授为本书撰写的序言。他的慷慨之言将为浙江祠堂建筑遗产引来更多的关注，使这个议题成为理解浙江乡村文化和历史的另一个重要视角。

最后，要感谢出版社编辑老师们的信任和耐心，她们付出大量的心血，将文字、照片、图纸编成了一本图文并茂的精美读物。

向她们致以深深的谢意。

石战杰　2023年8月2日　杭州　钱塘左岸　一石阁

致 谢